1 発芽の条件①

月　日
かかった時間

JN060570

植物の発芽（はつが）について，言葉をなぞりましょう。

植物の発芽

植物が芽を出すことを [発芽] という。発芽に必要な条件（じょうけん）を調べるときは，[調べたい条件] は変えて，それ以外の条件は [同じ] にする。

チャレンジ！

2つの容器で変えている条件を考えよう。

㋐と㋑で変えている条件

[水] ←

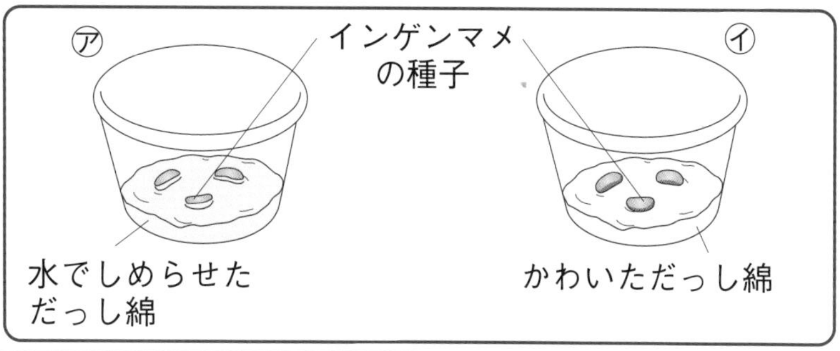

㋐
㋑
インゲンマメ
の種子
水でしめらせた
だっし綿
かわいただっし綿

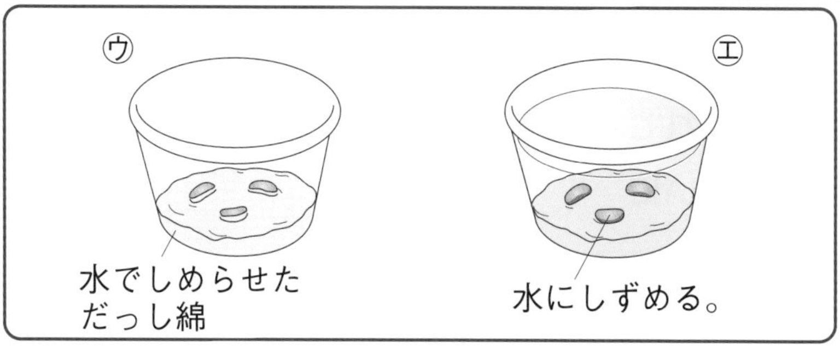

㋒
㋓
水でしめらせた
だっし綿
水にしずめる。

㋒と㋓で変えている条件

→ [空気]

㋔と㋕で変えている条件

[温度] ←

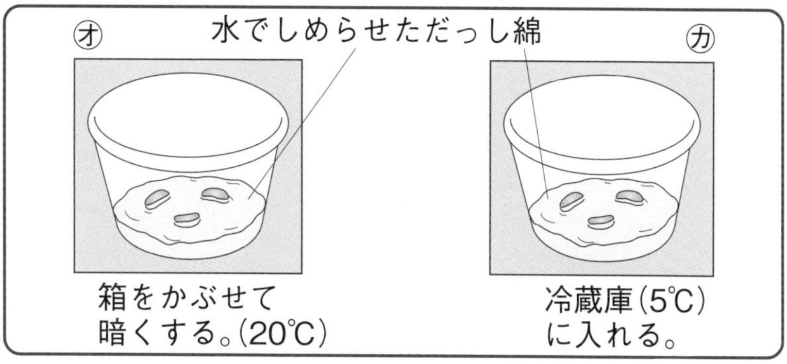

㋔
㋕
水でしめらせただっし綿
箱をかぶせて
暗くする。(20℃)
冷蔵庫(5℃)
に入れる。

1 右の図は，容器(ようき)にだっし綿(めん)を入れて種子をまいたようすです。次の問いに答えましょう。

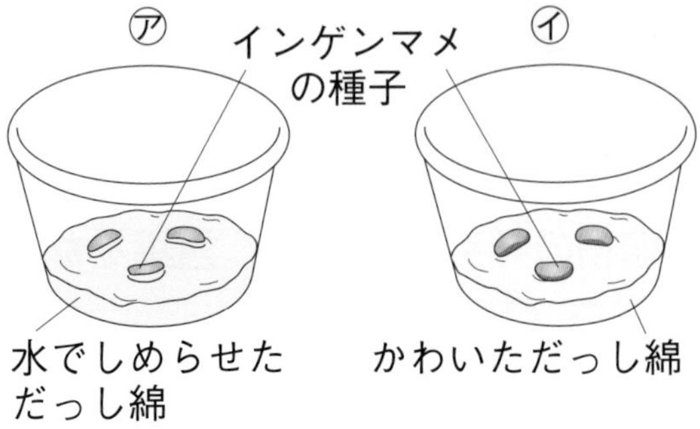

㋐
㋑
インゲンマメ
の種子
水でしめらせた
だっし綿
かわいただっし綿

(1) 種子が芽を出すことを何といいますか。

(　　　　　　　　　　)

(2) ㋐，㋑でちがっている条件(じょうけん)は何ですか。 (　　　　　　　　　　)

2 右の図は，容器にだっし綿を入れて種子をまいたようすです。次の問いに答えましょう。

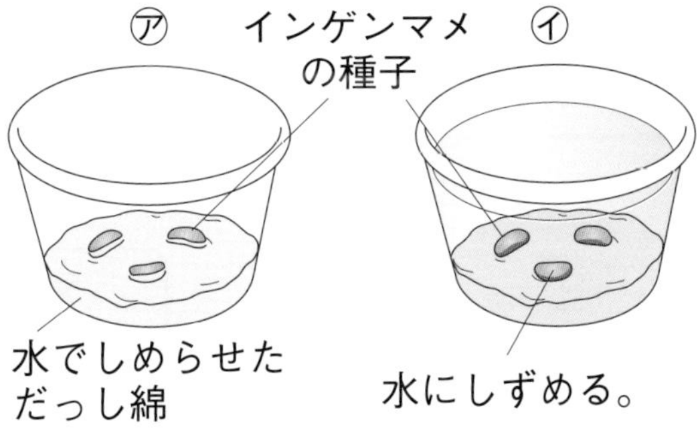

㋐
㋑
インゲンマメ
の種子
水でしめらせた
だっし綿
水にしずめる。

(1) 種子が空気にふれていないのは㋐，㋑のどちらですか。

(　　　　)

(2) 種子が芽を出すためには何が必要であるかについて，この実験で調べている条件は何ですか。 (　　　　　　　　　　)

3 右の図は，容器にだっし綿を入れて種子をまいたようすです。次の問いに答えましょう。

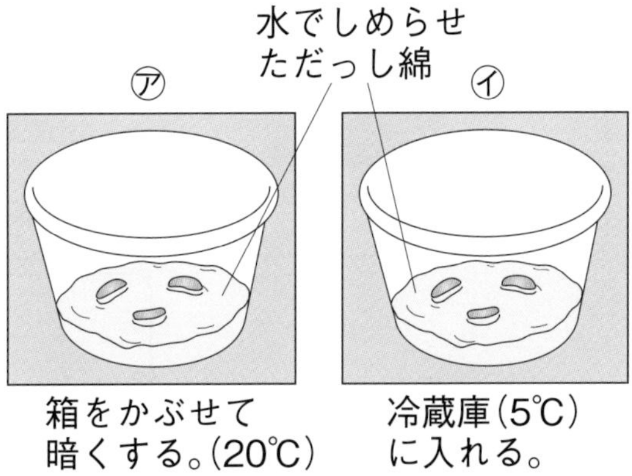

水でしめらせ
ただっし綿
㋐
㋑
箱をかぶせて
暗くする。(20℃)
冷蔵庫(5℃)
に入れる。

(1) 種子が芽を出すためには何が必要であるかについて，この実験で調べている条件は何ですか。

(　　　　　　　　　　)

(2) ㋐に箱をかぶせるのは，何の条件をそろえるためですか。

(　　　　　　　　　　)

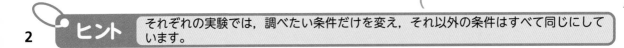

ヒント それぞれの実験では，調べたい条件だけを変え，それ以外の条件はすべて同じにしています。

2 発芽の条件②

月　日
かかった時間
分

植物の発芽(はつが)について，言葉や記号をなぞりましょう。

植物の種子が発芽するときの条件

植物の種子は，[水]・[空気]・[適当(てきとう)な温度]がすべてそろうと[発芽]する。

実験のすすめ方
1つの条件について調べたいときは，それ以外の条件はすべて同じにするよ。

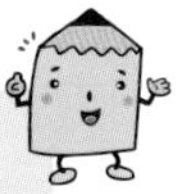

実験　　**結果**

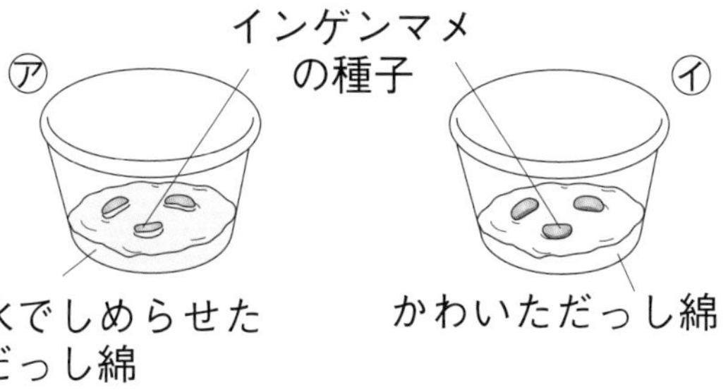

㋐
インゲンマメの種子
㋑
水でしめらせただっし綿
かわいただっし綿

[㋐]が発芽する。
[水]が必要なことがわかる。

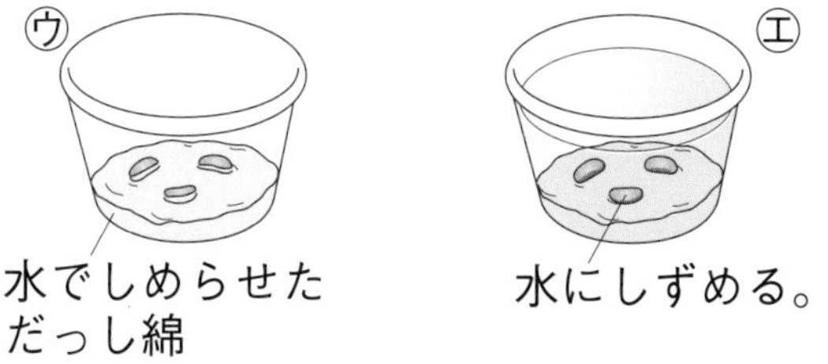

㋒
㋓
水でしめらせただっし綿
水にしずめる。

[㋒]が発芽する。
[空気]が必要なことがわかる。

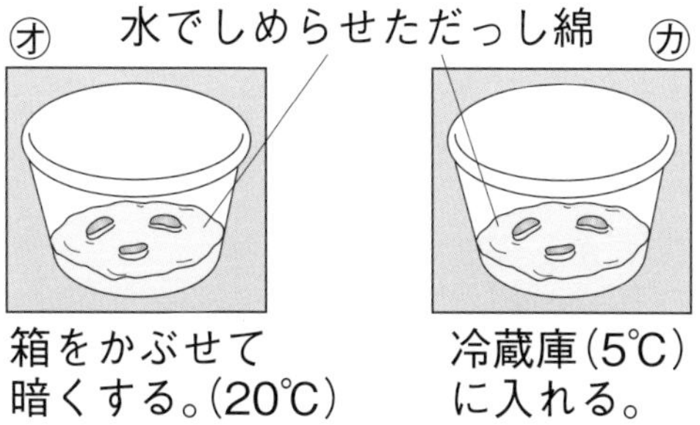

㋔
水でしめらせただっし綿
㋕
箱をかぶせて暗くする。(20℃)
冷蔵庫(5℃)に入れる。

[㋔]が発芽する。
適当な温度が必要なことがわかる。

[1] 次の図は，条件をいろいろに変えて，インゲンマメの種子が発芽するかどうかを調べたようすです。あとの問いに答えましょう。

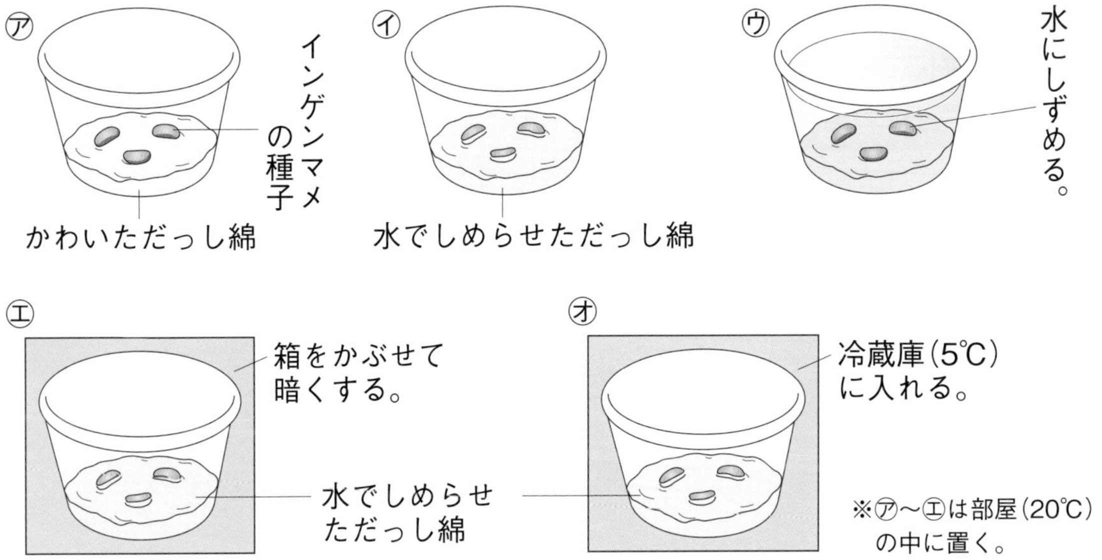

(1) 種子が発芽するものを，㋐～㋔から2つ選びましょう。

(　　　　　　　　　　)

(2) 種子が発芽するために空気が必要かどうかを調べるには，㋐～㋔のうち，どれとどれを比べますか。

(　　　　　と　　　　　)

(3) ㋐と㋑を比べると，種子が発芽するためには何が必要だとわかりますか。

(　　　　　　　　　　)

(4) ㋓と㋔を比べると，種子が発芽するためには何が必要だとわかりますか。

(　　　　　　　　　　)

(5) 明るさの条件は，種子の発芽に必要ですか。

(　　　　　　　　　　)

ヒント [1] (4)冷蔵庫の中は暗いので，部屋の中とは明るさがちがっています。

③ 種子のつくり

● 種子のつくりやでんぷんの調べ方について，言葉をなぞりましょう。

インゲンマメの種子のつくり

インゲンマメの種子の子葉には，　でんぷん　という養分がふくまれている。

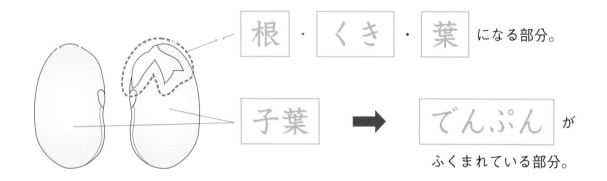

根 ・ くき ・ 葉　になる部分。

子葉　➡　でんぷん　がふくまれている部分。

でんぷんの調べ方

ヨウ素液を使うと，　でんぷん　があるかないかを調べることができる。

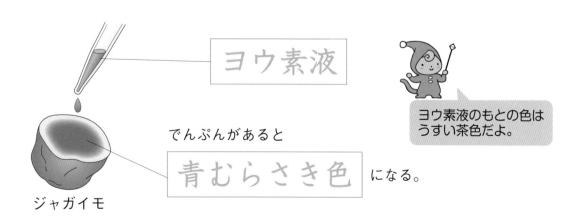

ヨウ素液

でんぷんがあると

青むらさき色　になる。

ジャガイモ

ヨウ素液のもとの色は
うすい茶色だよ。

5

1 右の図は，インゲンマメの種子を表したものです。
次の問いに答えましょう。

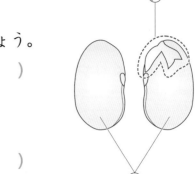

(1) 根・くき・葉になる部分を㋐，㋑から選びましょう。

（　　　　　）

(2) ㋑の部分を何といいますか。

（　　　　　　　　　）

(3) 養分がふくまれている部分を㋐，㋑から選びましょう。また，その養分を何といいますか。

記号（　　　　　　　）

養分（　　　　　　　）

2 右の図のように，ジャガイモのいもにうすい茶色のヨウ素液をたらす実験をしました。次の問いに答えましょう。

(1) ヨウ素液をたらした部分は色が変わりました。何色に変わりましたか。

（　　　　　　　　）

(2) 次の文の（　　　　）にあてはまる言葉を書きましょう。

> この実験によって，ジャガイモのいもには，（　　　　　　　　　）という養分があることがわかった。

(3) 右の図のインゲンマメの種子にヨウ素液をたらしたとき，色が変わるところをぬりつぶしましょう。

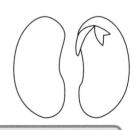

 ヒント ②(3)インゲンマメの種子の子葉には，でんぷんがふくまれています。

4 種子の発芽と養分

月　日
かかった時間
分

発芽(はつが)する前と後のインゲンマメについて，言葉や記号をなぞりましょう。

発芽する前と後のインゲンマメ

インゲンマメの種子が発芽すると，[子葉]は小さくしぼんでいく。

チャレンジ！
㋐，㋑のうち，どちらが変化した部分か考えよう。

㋐
㋑

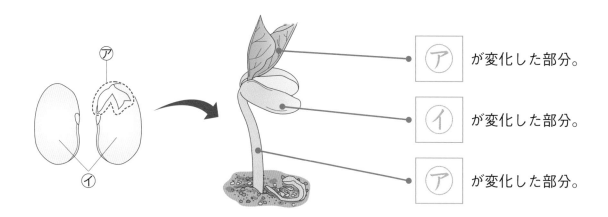

[㋐]が変化した部分。
[㋑]が変化した部分。
[㋐]が変化した部分。

子葉にふくまれる養分の変化

インゲンマメの発芽には，[子葉]にふくまれている[でんぷん]が使われる。

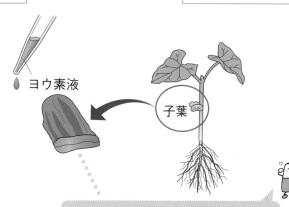

ヨウ素液
子葉
でんぷんがないときは，色はほとんど変わらないよ。

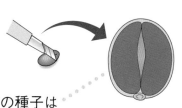

発芽する前の種子は[青むらさき色]になる。

[1] 図1は，発芽(はつが)する前と後のインゲンマメのようすを表したものです。次の問いに答えましょう。

図1

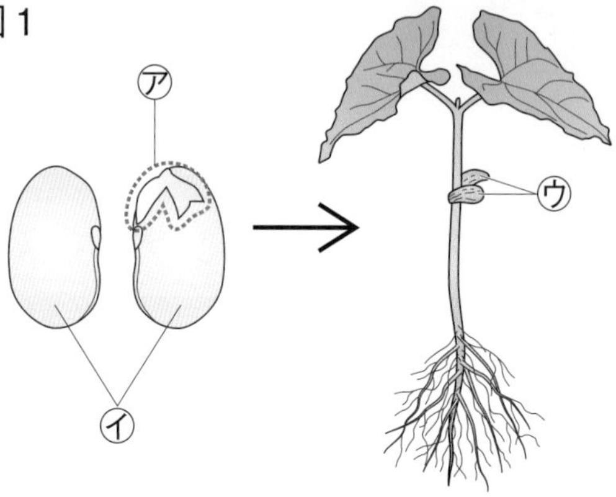

(1)　次の文の（　　　）に，図1の㋐，㋑からあてはまる記号を書きましょう。

インゲンマメが発芽して成長すると，①（　　　　　　）は大きく育ち，②（　　　　　）は小さくしぼむ。

(2)　図1の㋒の部分を何といいますか。

（　　　　　　　　　　）

(3)　図2の[あ]，[い]は，図1の㋑と㋒を切ったものをそれぞれ表しています。ヨウ素液(そえき)をつけると，1つは青むらさき色に変化し，もう1つは変化しませんでした。色が変化したのは[あ]，[い]のどちらですか。

（　　　　）

図2

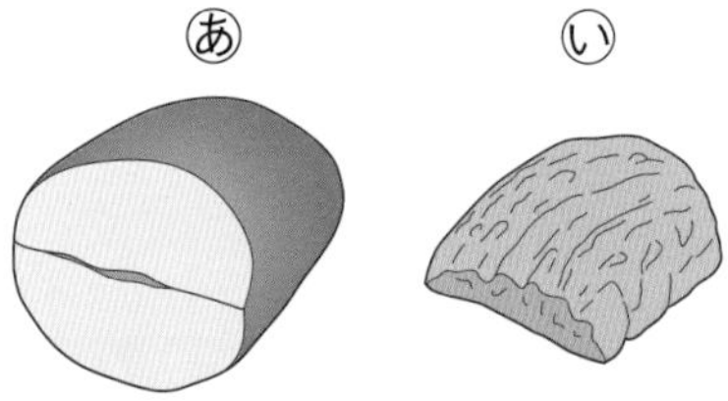

㋑を切ったもの　㋒を切ったもの

(4)　(3)で青むらさき色に変化した部分には何がありますか。

（　　　　　　　　　　）

(5)　次の文の（　　　）にあてはまる言葉を書きましょう。

種子の発芽には，種子にふくまれている（　　　　　　　　　）という養分が使われる。

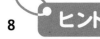

ヒント　[1](3)発芽する前にあった養分が，発芽に使われてなくなっていることがわかります。

🔵 インゲンマメの成長と日光について，言葉をなぞりましょう。

植物の成長と日光

植物がよく成長するためには，水・空気・適当な温度のほかに，

| 日光 | が必要である。

> 箱などでおおいをするときは，空気が出入りするすき間をつくろう。

実験

肥料を　あたえる

日光に　当てる

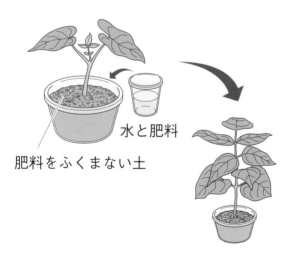

水と肥料

肥料をふくまない土

肥料を　あたえる

日光に　当てない

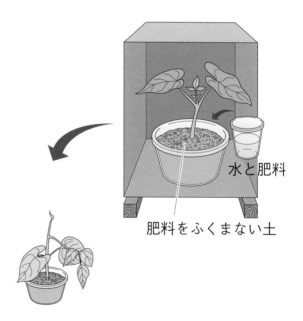

水と肥料

肥料をふくまない土

結果

日光に当てるとよく　育つ

日光に当てないと

育ちにくい

9

1 同じくらいの大きさのインゲ
ンマメのなえを，右の図のよう
にして2週間育てました。次の
問いに答えましょう。

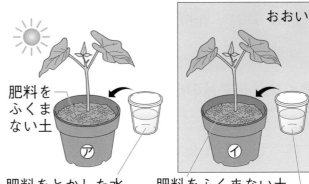

肥料をふくまない土
肥料をとかした水
肥料をふくまない土
肥料をとかした水
おおい

(1) **イ**で，おおいをしたのは何
のためですか。次の**ア～ウ**か
ら選びましょう。

（　　　　　）

ア 風が当たらないようにするため。
イ 適当な温度にするため。
ウ 日光が当たらないようにするため。

(2) **ア**，**イ**で，次の条件は変えていますか，変えていませんか。「変えている。」
「変えていない。」で答えましょう。

日光（　　　　　　　　　　　　　）
肥料（　　　　　　　　　　　　　）
水（　　　　　　　　　　　　　）

(3) くきの太さが太くなったのは，**ア**，**イ**のどちらですか。

（　　　　　）

(4) 葉の色が黄色っぽくなったのは，**ア**，**イ**のどちらですか。

（　　　　　）

(5) よく育っていたのは，**ア**，**イ**のどちらですか。

（　　　　　）

(6) この実験の結果から，植物がよく成長するためには何が必要ですか。

（　　　　　）

10

ヒント 植物はよく育つとくきは太く，葉は数が多く緑色がこくなり，全体が大きくなります。

植物の成長と肥料

●インゲンマメの成長と肥料（ひりょう）について，言葉をなぞりましょう。

植物の成長と肥料

植物がよく成長するためには，水・空気・適当（てきとう）な温度のほかに，

| 肥料 | が必要である。

調べたい条件（肥料）以外は同じにしよう。

実験

肥料を | あたえる |

日光に | 当てる |

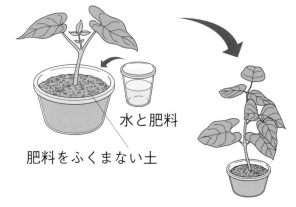

水と肥料

肥料をふくまない土

肥料を | あたえない |

日光に | 当てる |

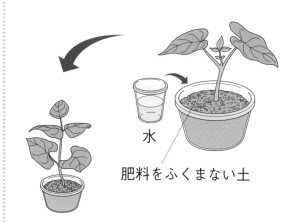

水

肥料をふくまない土

結果

肥料をあたえるとよく | 育つ |

肥料をあたえないと

| 育ちにくい |

[1] 同じくらいの大きさのインゲンマメのなえを，右の図のようにして3週間育てました。次の問いに答えましょう。

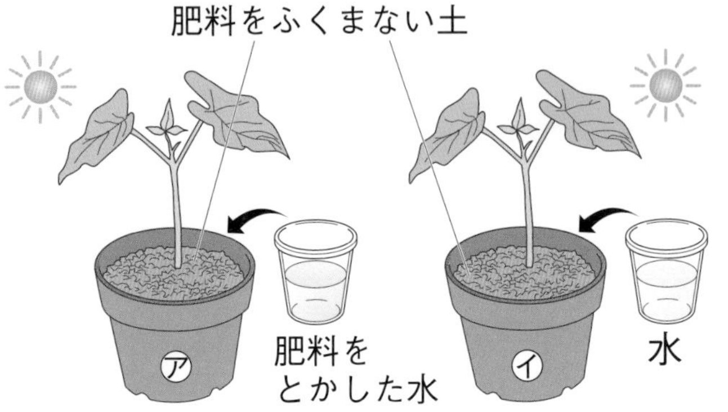
肥料をふくまない土
㋐
肥料をとかした水
㋑
水

(1) ㋐，㋑で，次の条件（じょうけん）は変えていますか，変えていませんか。「変えている。」「変えていない。」で答えましょう。

日光（　　　　　　　　　）
肥料（ひりょう）（　　　　　　　　　）
水（　　　　　　　　　）

(2) 葉の大きさが大きくなったのは，㋐，㋑のどちらですか。

（　　　　）

(3) 葉の数があまりふえなかったのは，㋐，㋑のどちらですか。

（　　　　）

(4) 全体が大きく成長していたのは，㋐，㋑のどちらですか。

（　　　　）

(5) 植物の発芽や成長について，次の文の（　　）にあてはまる言葉を書きましょう。

植物が発芽するためには，水・①（　　　　　　　　）・適当（てきとう）な温度の条件がすべてそろっている必要がある。また，植物がよく成長するためには，発芽に必要な条件のほかに，日光や②（　　　　　　　　）が必要である。

ヒント [1](1)ある条件について調べるときは，ほかの条件はすべて同じにします。

7 メダカの飼い方

● メダカの飼い方やおすとめすの見分け方について，言葉をなぞりましょう。

メダカの飼い方

メダカを飼う水そうは，日光が直接　当たらない　明るい場所に置く。

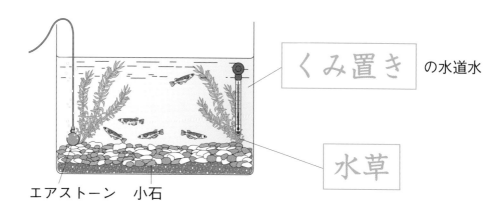

くみ置き　の水道水

水草

エアストーン　小石

メダカのおすとめす

メダカのおすとめすは，　せびれ　や　しりびれ　の形で

見分けることができる。

めすのはらは，ふくらんでいるね。

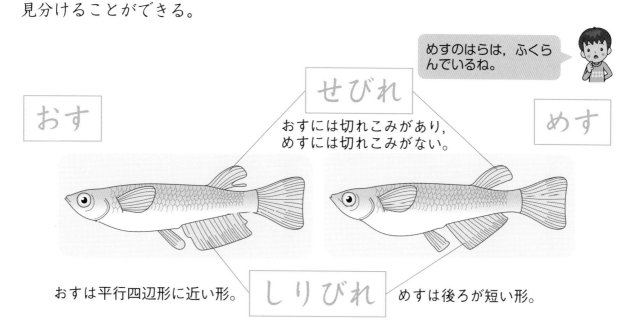

せびれ

おす

めす

おすには切れこみがあり，
めすには切れこみがない。

おすは平行四辺形に近い形。　しりびれ　めすは後ろが短い形。

[1] 右の図は，水そうでメダカを育てているようすです。次の問いに答えましょう。

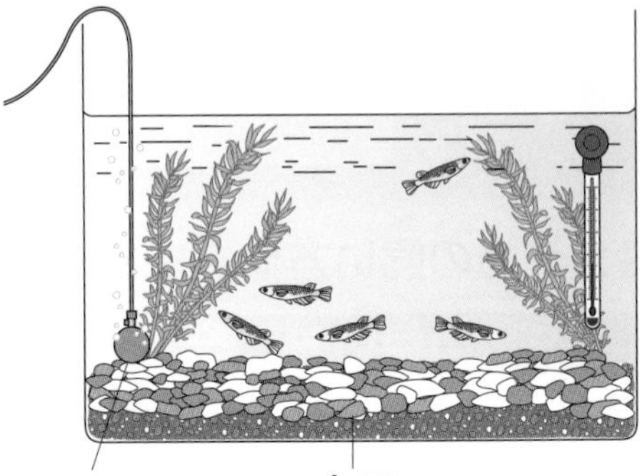

(1) 次のア～ウから正しいものを１つ選びましょう。

（　　　　）

ア 水そうは，日光が直接(ちょくせつ)当たる明るい場所に置く。

イ えさは食べ残しがない程度(ていど)に入れる。

ウ たまごを産ませるために，めすだけを水そうに入れる。

(2) メダカがたまごを産みつけやすくするために，水そうに入れるものは何ですか。

（　　　　　　　　）

[2] 右の図は，メダカのおすとめすのようすです。次の問いに答えましょう。

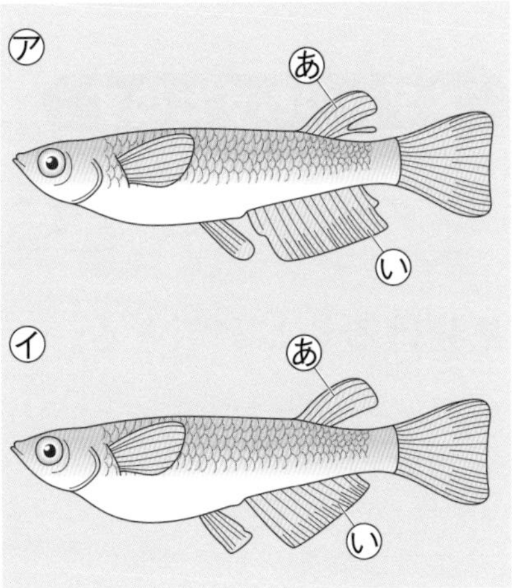

(1) メダカのしりびれとせびれは，[あ]，[い]のどちらですか。

しりびれ（　　　　）

せびれ（　　　　）

(2) せびれに切れこみがあるのは，おすとめすのどちらですか。

（　　　　　　　　）

(3) しりびれの後ろが短いのは，おすとめすのどちらですか。

（　　　　　　　　）

(4) めすは㋐，㋑のどちらですか。

（　　）

ヒント [2](1)ひれの名前はむね，せ，はら，しりなど，ついている場所に関係しています。
(4)めすのはらは，中にたまごがあるのでふくらんでいます。

メダカのたんじょう

🔘 **メダカのたまごについて，言葉や数字をなぞりましょう。**

メダカの受精

めすが産んだたまごとおすが出した が結びつくことを

受精 という。

受精したたまごを  という。

めすはたまごを 水草 などに産みつける。

メダカのおすとめす
を同じ水そうに入れ
て飼ってみよう。

メダカの受精卵

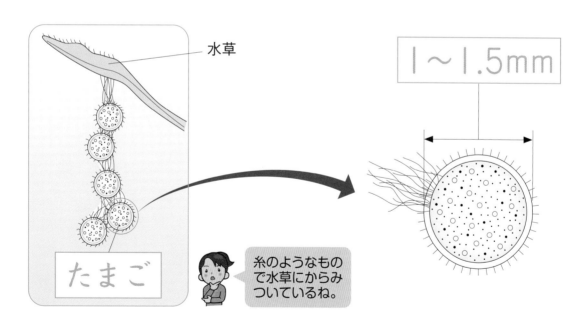

水草

1〜1.5mm

たまご

糸のようなもの
で水草にからみ
ついているね。

たまごのまわりには 毛 のようなものがたくさんある。

たまごの中には あわ のようなものが散らばっている。

15

1 右の図は，メダカのたまごのようすです。次の問いに答えましょう。

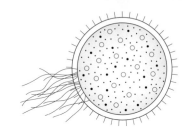

(1) たまごを産むのは，おすとめすのどちらですか。

（　　　　　　　　　　　）

(2) 精子を出すのは，おすとめすのどちらですか。

（　　　　　　　　　　　）

(3) たまごと精子が結びつくことを何といいますか。

（　　　　　　　　　　　）

(4) 精子と結びついたたまごを何といいますか。

（　　　　　　　　　　　）

2 右の図は，水そうの中で見つけたメダカのたまごのようすです。次の問いに答えましょう。

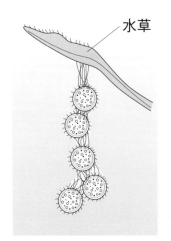

水草

(1) たまごは水そうの中でどのようになっていますか。次のア〜ウから正しいものを1つ選びましょう。

（　　　　　）

ア　水そうの底の小石の上に散らばっている。

イ　糸のようなもので水草についている。

ウ　水面にういている。

(2) 次の文の（　　　）にあてはまる言葉を書きましょう。

　　たまごはとうめいで，まわりには①（　　　　　　　　　）のようなものがある。また，たまごの中にはたくさんの②（　　　　　　　　　）のようなものが見える。

ヒント　**2**(1)メダカを育てるときは，水そうに水草を入れます。めすはたまごを水草に産みつけます。

郵 便 は が き

1 4 1 8 4 2 6

東京都品川区西五反田 2 - 11 - 8

(株) 文理

「できる!!がふえる↗ドリル」
アンケート 係

「できる!!がふえる↗ドリル」をお買い上げいただき、ありがとうございました。今後のよりよい本づくりのため、裏にありますアンケートにお答えください。

アンケートにご協力くださった方の中から、抽選で（年2回）、**図書カード1000円分**をさしあげます。（当選者の発表は賞品の発送をもってかえさせていただきます。）なお、このアンケートで得た情報は、ほかのことには使用いたしません。

--- ✂ はがきで送られる方はここを切り取ってください。--------------------

《**はがきで送られる方**》

① 左のはがきの下のらんに、お名前など必要事項をお書きください。

② 裏にあるアンケートの回答を、右にある回答記入らんにお書きください。

③ 点線にそってはがきを切り離し、お手数ですが、左上に切手をはって、ポストに投函してください。

《**インターネットで送られる方**》

文理のホームページよりアンケートのページにお進みいただき、ご回答ください。

https://portal.bunri.jp/questionnaire.html

ご住所	〒		
		都道府県	市区郡
		電話	－ －
お名前	フリガナ		
お買上げ月	年 月	男・女	学年 年
学習塾に	□通っている □通っていない		
スマートフォンを	□持っている □持っていない		

*ご住所は町名・番地までお書きください。

アンケート

●次のアンケートにお答えください。回答は右のらんのあてはまる□をぬってください。

[1] 今回お買い上げになったドリルは何ですか。
① 漢字 ② 文章読解 ③ ローマ字 ④ 計算
⑤ たし算，ひき算，かけ算九九等の分野別の計算
⑥ 文章題 ⑦ 数・量・図形 ⑧ 社会 ⑨ 英語
⑩ 理科

[2] この本をお選びになったのはどなたですか。
① お子様 ② 保護者様 ③ その他

[3] この本を選ばれた決め手は何ですか。（複数可）
① 内容・レベルがちょうどよいので。
② 説明がわかりやすいので。
③ カラーで見やすく，わかりやすいので。
④ イラストが楽しく，わかりやすいので。
⑤ 以前に使用してよかったので。
⑥ 付録がついているので。
⑦ その他

[4] どのような使い方をされていますか。（複数可）
① おもに授業の先取り学習に使用。
② おもに授業の復習に使用。
③ おもに前学年の復習に使用。
④ 小学校入学に備えて。
⑤ その他

[5] どなたといっしょに使用されていますか。
① お子様が一人で使用。
② 保護者様とごいっしょに使用。
③ 答え合わせだけ，保護者様と使用。
④ その他

[6] 内容はいかがでしたか。
① わかりやすい。 ② ややわかりにくい。
③ わかりにくい。 ④ その他

[7] 問題の量はいかがでしたか。
① ちょうどよい。 ② 多い。 ③ 少ない。

[8] 問題のレベルはいかがでしたか。
① ちょうどよい。 ② 難しい。 ③ やさしい。

[9] ページ数はいかがでしたか。
① ちょうどよい。 ② 多い。 ③ 少ない。

[10]「答えとてびき」はいかがでしたか。
① わかりやすい。 ② ふつう。
③ もっとくわしく。

[11] 表紙デザインはいかがでしたか。
① よい。 ② ふつう。 ③ あまりよくない。

[12] カラーの誌面デザインはいかがでしたか。
① よい。 ② ふつう。 ③ あまりよくない。

[13] 付録のシールはいかがでしたか。(1，2年のみ)
① よい。 ② ふつう。 ③ あまりよくない。

[14] 付録のボード（英語以外）や単語カード・CD（英語）はいかがでしたか。
① よい。 ② ふつう。 ③ あまりよくない。

[15] 文理の問題集で，使用したことがあるものがあれば教えてください。
① 教科書ワーク
② 教科書ドリル
③ トップクラス問題集
④ その他

[16]「できる !! がふえる♪ドリル」について，ご感想やご意見・ご要望等がございましたら教えてください。

[17] このドリルのほかに，お使いになっている参考書や問題集がございましたら，教えてください。また，どんな点がよかったかも教えてください。

アンケートの回答：記入らん

[1] □① □② □③ □④ □⑤ □⑥ □⑦ □⑧ □⑨ □⑩
[2] □① □② □③（ ）
[3] □① □② □③ □④ □⑤ □⑥ □⑦（ ）
[4] □① □② □③ □④ □⑤（ ）
[5] □① □② □③ □④（ ）
[6] □① □② □③ □④（ ）
[7] □① □② □③
[8] □① □② □③
[9] □① □② □③
[10] □① □② □③
[11] □① □② □③
[12] □① □② □③
[13] □① □② □③
[14] □① □② □③
[15] □① □② □③ □④（ ）
[16]

[17]

ご協力ありがとうございました。できる !! がふえる♪ドリル＊

9 解ぼうけんび鏡の使い方

● 解ぼうけんび鏡の使い方について，言葉をなぞりましょう。

解ぼうけんび鏡

10〜20倍に拡大して観察することができるよ。

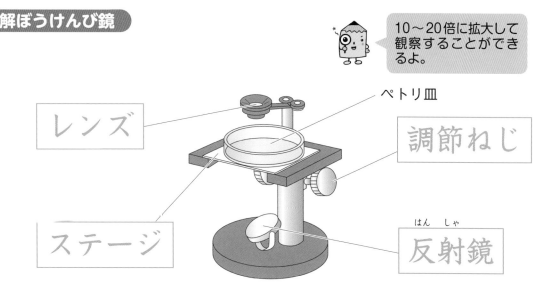

ペトリ皿

レンズ

調節ねじ

ステージ

反射鏡（はんしゃ）

解ぼうけんび鏡を使うときの注意

日光が直接（ちょくせつ）　当たらない　明るい場所で使う。

水草についたメダカのたまごは　ペトリ皿　に入れて観察できる。

解ぼうけんび鏡の使い方

① 反射鏡　の向きを変えて明るく見えるようにする。

② 観察するものを　ステージ　に置く。

③ 調節ねじ　を回して観察するものがよく見えるようにする。

17

[1] 右の図は，解ぼうけんび鏡を表しています。
次の問いに答えましょう。

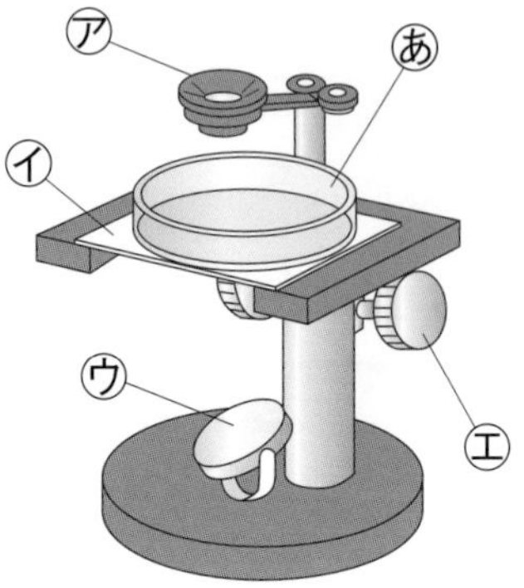

(1) ㋐～㋓をそれぞれ何といいますか。

㋐(　　　　　　　　　　)

㋑(　　　　　　　　　　)

㋒(　　　　　　　　　　)

㋓(　　　　　　　　　　)

(2) 解ぼうけんび鏡はどのような場所で使いますか。次の**ア**～**ウ**から正しいものを１つ選びましょう。

(　　　　)

ア 日光が直接当たる明るい場所

イ 日光が直接当たらない明るい場所

ウ 日光が当たらない暗い場所

(3) 次の**ア**～**ウ**を，解ぼうけんび鏡の正しい使い方の順に並べましょう。

(　　　　→　　　　→　　　　)

ア ㋓を回して観察するものがよく見えるようにする。

イ ㋒の向きを変えて明るく見えるようにする。

ウ 観察するものを㋑に置く。

(4) メダカのたまごを観察するとき，たまごを入れる[あ]を何といいますか。

(　　　　　　　　)

(5) 水草についたメダカのたまごを[あ]に入れるとき，次の**ア**，**イ**のどちらが正しいですか。　(　　　　)

ア 水草についたたまごを，そのまま入れる。

イ 水草についたたまごを，水といっしょに入れる。

ヒント [1](5)メダカのたまごを観察するときは，かんそうさせないように気をつけます。観察が終わったらすぐにもとの場所にもどします。

10 そう眼実体けんび鏡の使い方

月 日
かかった時間
分

●そう眼実体けんび鏡の使い方について，言葉をなぞりましょう。

そう眼実体けんび鏡

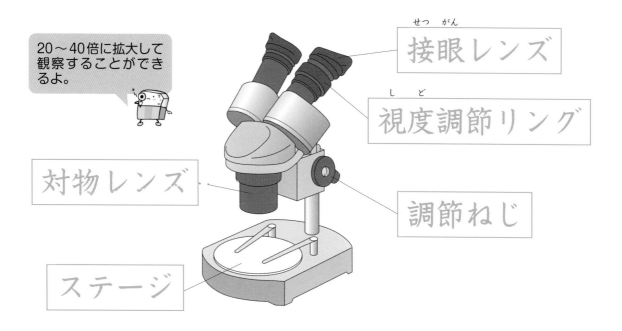

20～40倍に拡大して観察することができるよ。

接眼レンズ

視度調節リング

対物レンズ

調節ねじ

ステージ

そう眼実体けんび鏡の使い方

① 観察するものを ステージ にのせ，接眼レンズのはばを目のはば

に合わせる。両目で見たとき，見えているものが重なるように調節する。

② 右目で見ながら 調節ねじ を回してはっきり見えるようにする。

③ 左目で見ながら 視度調節リング を回してはっきり見える

ようにする。

厚みのあるものを立体的に観察することができるよ。

[1] 右の図は，そう眼実体けんび鏡を表しています。次の問いに答えましょう。

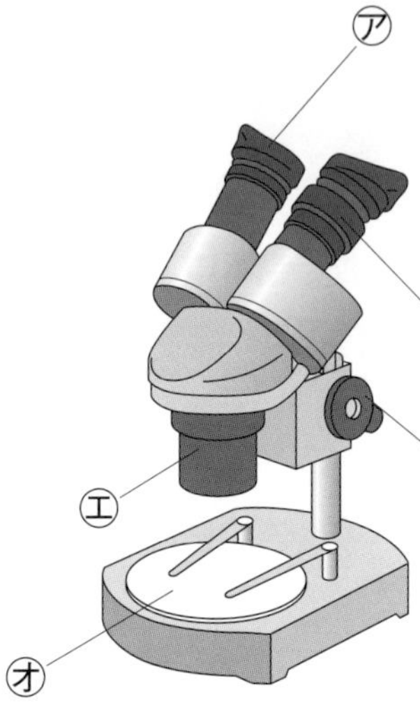

(1) ㋐～㋔をそれぞれ何といいますか。下の［　］から選びましょう。

㋐（　　　　　　　　　）
㋑（　　　　　　　　　）
㋒（　　　　　　　　　）
㋓（　　　　　　　　　）
㋔（　　　　　　　　　）

対物レンズ　　接眼レンズ　　ステージ
視度調節リング　　調節ねじ

(2) 次の**ア～エ**を，そう眼実体けんび鏡の正しい使い方の順に並べましょう。

（　　　　→　　　　→　　　　→　　　　）

ア　左目で見ながら㋑を回してはっきり見えるようにする。
イ　観察するものを㋔にのせる。
ウ　右目で見ながら㋒を回してはっきり見えるようにする。
エ　㋐のはばを目のはばに合わせ，両目で見たとき，見えているものが重なるように調節する。

(3) 次の文の（　　）にあてはまる言葉を，下の［　］から選びましょう。

そう眼実体けんび鏡は，日光が直接①（　　　　　　　）明るい場所で使う。そう眼実体けんび鏡を使うと，厚みのあるものを②（　　　　　　　）に観察することができる。

当たる　　当たらない　　立体的　　平面的

ヒント　[1](2)そう眼実体けんび鏡は，両目→右目→左目の順に，観察するものがはっきり見えるように調節します。

11 メダカのたまごの育ち方

月　日
⏰ かかった時間
分

●メダカのたまごの育ち方について，言葉や図の矢印をなぞりましょう。

メダカのたまごの変化

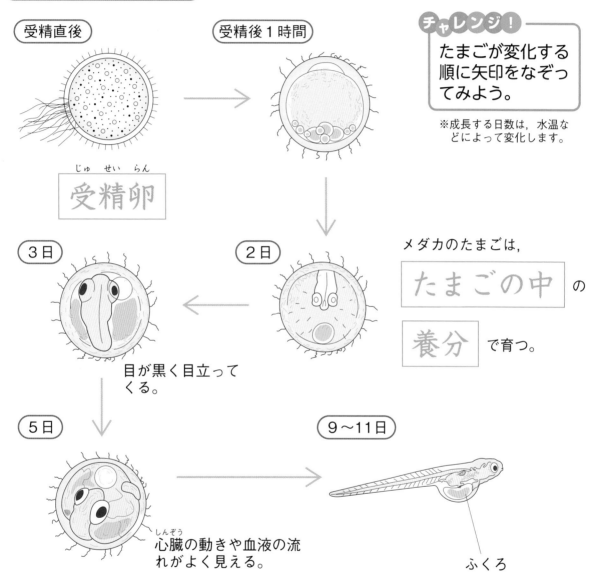

受精直後

受精後1時間

チャレンジ！
たまごが変化する
順に矢印をなぞっ
てみよう。

※成長する日数は，水温な
どによって変化します。

じゅ せい らん
受精卵

3日

2日

メダカのたまごは，

たまごの中 の

養分 で育つ。

目が黒く目立って
くる。

5日

9〜11日

しんぞう
心臓の動きや血液の流
れがよく見える。

ふくろ

たまごから出てきたメダカは，しばらくの間，　はら　のふくろにある

養分 で育つ。

[1] メダカのたまごが育つようすについて，次の問いに答えましょう。

(1) めすの産んだたまごと，おすの出した精子(せいし)が結びついたたまごを何といいますか。

( )

(2) (1)のたまごが育つために使う養分は，どこにありますか。

( )

(3) 次の㋐〜㋓を，メダカのたまごが変化する順に並(なら)べましょう。

(→ → →)

㋐ 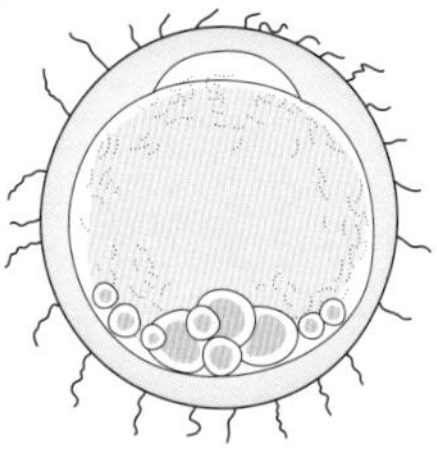 ㋑ 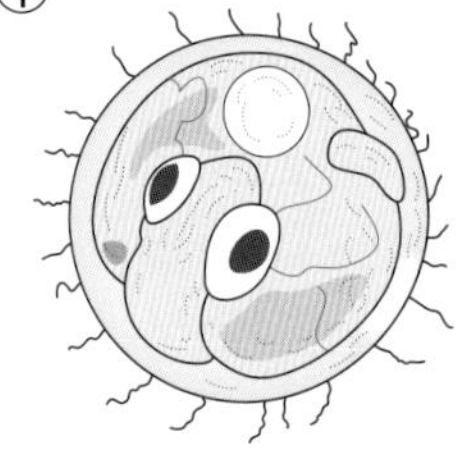 ㋒ 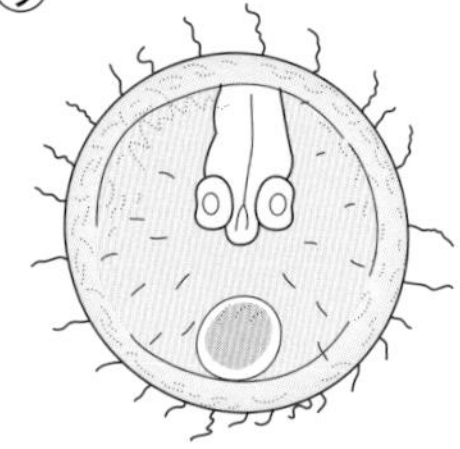 ㋓ 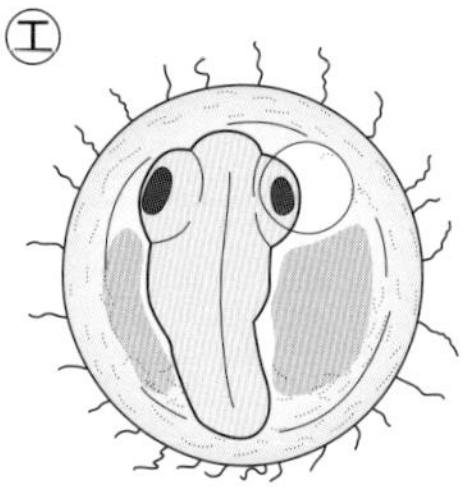

(4) 目が黒く目立ってくるころのようすを表しているものを，(3)の㋐〜㋓から選びましょう。

( )

(5) 心臓(しんぞう)の動きや血液(けつえき)の流れがよく見えるようになるころのようすを表しているものを，(3)の㋐〜㋓から選びましょう。

( )

(6) 右の図のようなたまごから出てきたばかりのメダカは，しばらくの間，どこにある養分で育ちますか。

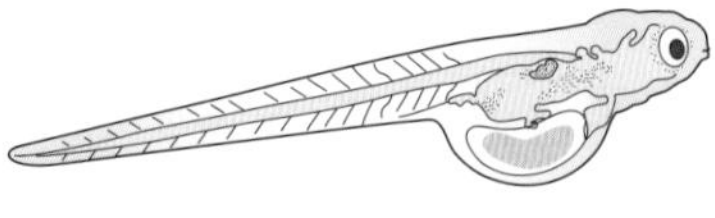

( )

ヒント [1](6)たまごからかえったばかりのメダカのはらにあるふくろは，しだいに小さくなります。

12 人のたんじょう

● 子どもの育ち方について，言葉や数字，図の矢印をなぞりましょう。

子どもの育ち方

女性(じょせい)の体内でつくられた 卵(らん) （卵子(らんし)）と男性(だんせい)の体内でつくられた 精子(せいし)

が結びつくことを 受精(じゅせい) といい，受精してできた 受精卵(じゅせいらん) が

成長して子どもが生まれる。

卵と精子の大きさ
卵の直径…約0.14mm
精子の長さ…約0.06mm

卵　精子

チャレンジ！
子どもが育つ順に
矢印をなぞってみ
よう。

受精卵

女性の体内の子宮で育つ。

約24週

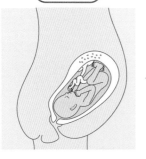

筋肉が発達して活発に動く。

約8週

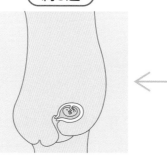

手や足の形がはっきりする。

約4週

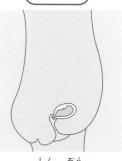

心臓(しんぞう)

が動き始める。

約32週

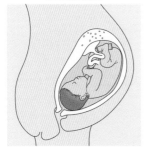

約 38 週で生まれる。

23

[1] 右の図は，人の卵(卵子)と精子のようすです。次の問いに答えましょう。

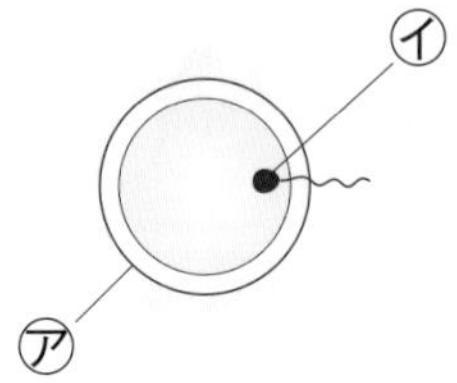

(1) ㋐，㋑は，卵と精子のどちらですか。

㋐(　　　　　　　　)

㋑(　　　　　　　　)

(2) 女性の体内でつくられるのは㋐，㋑のどちらですか。　(　　　　)

(3) 次の文の(　　　)にあてはまる言葉を書きましょう。

> 卵と精子が結びつくことを受精といい，これによってできた(　　　　　　　　)が成長して子どもが生まれる。

[2] 次の図は，受精してから約4週，約8週，約24週，約32週の子ども(胎児)のようすです。あとの問いに答えましょう。

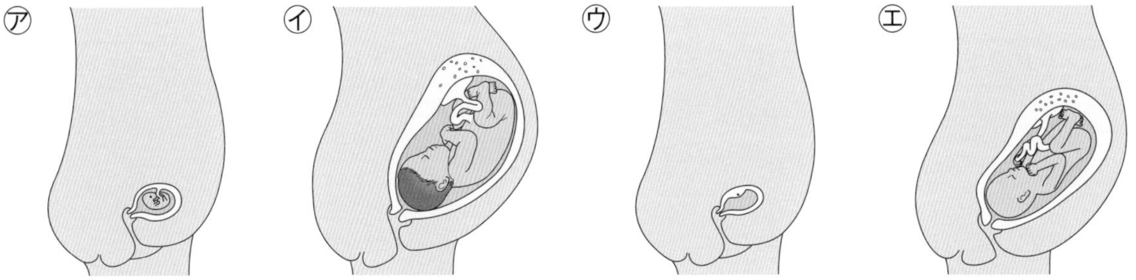

(1) 上の㋐～㋓を，子どもが育つ順に並べましょう。

(　　　　→　　　　→　　　　→　　　　)

(2) 心臓が動き始めるころを表しているものを，㋐～㋓から選びましょう。

(　　　　)

(3) 人の子どもは，受精してから約何週で生まれますか。次の**ア**～**ウ**から選びましょう。　(　　　　)

ア　約38週　　**イ**　約48週　　**ウ**　約58週

ヒント　[2](2)受精してから約4週のころに心臓が動き始めます。

13 子宮の中の子どものようす

月　日
⏰かかった時間
　　　　分

●子宮の中の子どものようすについて，言葉をなぞりましょう。

子宮の中のようす

母親の　｜子宮 (しきゅう)｜　の中の子ども(胎児 (たいじ))は，｜たいばん｜ と

｜へそのお｜ を通して，養分などをもらい，いらなくなったものを

わたしている。

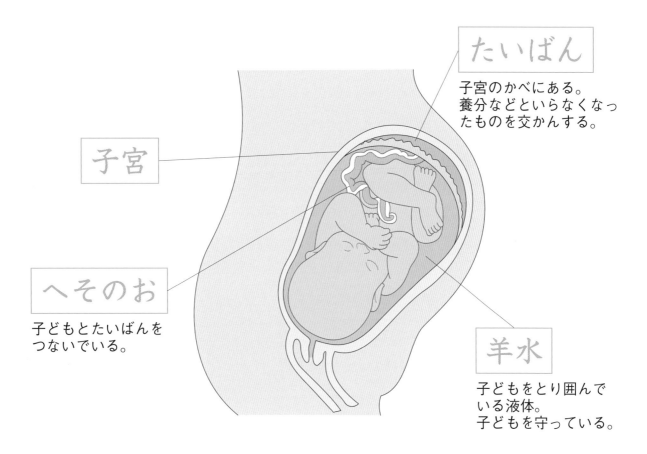

たいばん
子宮のかべにある。
養分などといらなくなっ
たものを交かんする。

子宮

へそのお
子どもとたいばんを
つないでいる。

羊水
子どもをとり囲んで
いる液体。
子どもを守っている。

へそのおは，子どもの
へそにつながっている
んだね。

1 右の図は，母親の体内にいる子ども (胎児)
のようすです。次の問いに答えましょう。

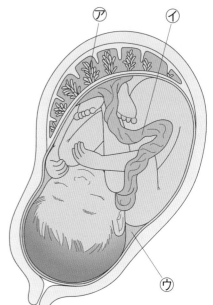

(1) 母親の体内の，子どもが育つところを何
といいますか。

（　　　　　　　　　　）

(2) ㋐〜㋒をそれぞれ何といいますか。

㋐（　　　　　　　　　）
㋑（　　　　　　　　　）
㋒（　　　　　　　　　）

(3) 次の①〜③にあてはまるものを，図の㋐
〜㋒から選びましょう。

①（　　　　　　　　）
②（　　　　　　　　）
③（　　　　　　　　）

① 子どもをとり囲んでいる液体。子どもを守るはたらきをしている。
② 養分などといらなくなったものの通り道。
③ 養分などといらなくなったものが交かんされるところ。

(4) 子どもから母親に運ばれるのは，次の**ア**，**イ**のどちらですか。

（　　　　　　　　）

ア 養分など　　**イ** いらなくなったもの

(5) 母親から子どもに運ばれるのは，次の**ア**，**イ**のどちらですか。

（　　　　　　　　）

ア 養分など　　**イ** いらなくなったもの

ヒント　**1**(5)子どもが育つためには養分が必要ですが，子宮の中の子どもは何も食べなくても
育つことができます。

14 雲のようすと天気

月　日

⏰ かかった時間

分

● 雲のようすと天気について，言葉や図の数字をなぞりましょう。

雲の量と天気　空全体を 10 としたときの雲の量が

チャレンジ！
雲の量に○を
つけよう。

0〜8 ➡ 晴れ ，9〜10 ➡ くもり

雲の量（ 0 ③ 10 ）

➡ 晴れ

雲の量（ 0 3 ⑩ ）

➡ くもり

雲のようすと天気

雲のようすと天気の変化には，関係が ある 。

らん そう うん
乱層雲

空全体に広がる。長い時間，おだやかな雨を降らせることが多い。

けん うん
巻雲

はけでかいたような雲。晴れた日の高い空に見られる。

せき らん うん
積乱雲

低い空から高い空まで広がる。短時間にかみなりをともなうはげしい雨を降らせることが多い。

27

[1] 右の図は，ある日の空全体の雲の量を表したものです。次の問いに答えましょう。

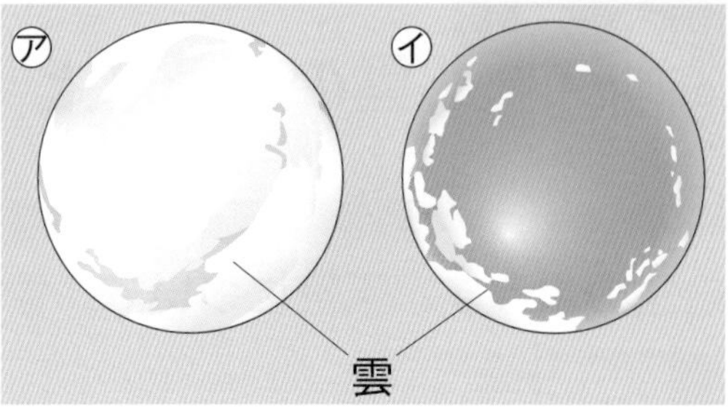

(1) 空全体を10としたとき，雲の量が2となるのは，㋐，㋑のどちらですか。

(　　　　)

(2) ㋐，㋑の天気は，晴れ，くもりのどちらですか。

㋐(　　　　)

㋑(　　　　)

[2] 右の図は，巻雲（けんうん），積乱雲（せきらんうん），乱層雲（らんそううん）を表しています。次の問いに答えましょう。

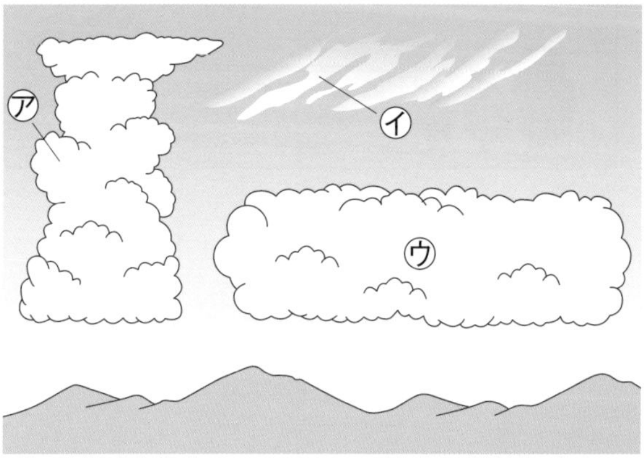

(1) ㋐～㋒は，巻雲，積乱雲，乱層雲のうちどれですか。

㋐(　　　　)

㋑(　　　　)

㋒(　　　　)

(2) 長い時間，おだやかな雨を降（ふ）らせることが多い雲を，㋐～㋒から選びましょう。

(　　　　)

(3) 次の文の(　　　)にあてはまる言葉を，下の[　　]から選びましょう。

雲のようすと天気の変化には，関係が(　　　　)。

ある　　ない

ヒント [2](1)(2)積乱雲はかみなり雲，乱層雲は雨雲とよばれることがあります。

15 天気の変化のきまり

●天気の変化について，言葉をなぞりましょう。

天気の変化

 のようす　➡　気象衛星の雲画像で調べる。

　➡　アメダスの雨量情報で調べる。

数日間の記録を並べると，天気の変化がよくわかるよ。

4月21日　15時　　　　4月22日　15時

雲画像

雲

雨量情報

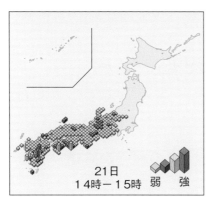　　　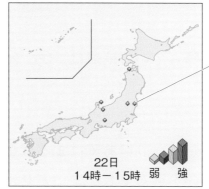

雨 が
降っている
ところ。

日本付近では，雲はおよそ から へ動いていく。

天気は の動きとともに， から 東 へ変わっていく。

[1] 次の図は，ある年の4月20日と21日の気象衛星（きしょうえいせい）の雲画像（がぞう）とそのときの雨量情報です。あとの問いに答えましょう。

4月20日　15時

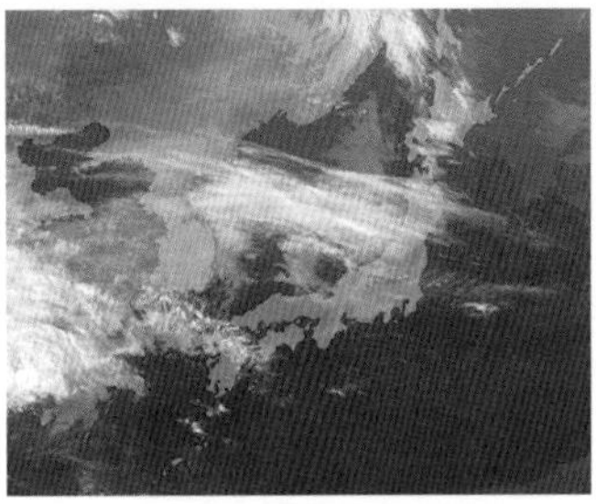

4月21日　15時

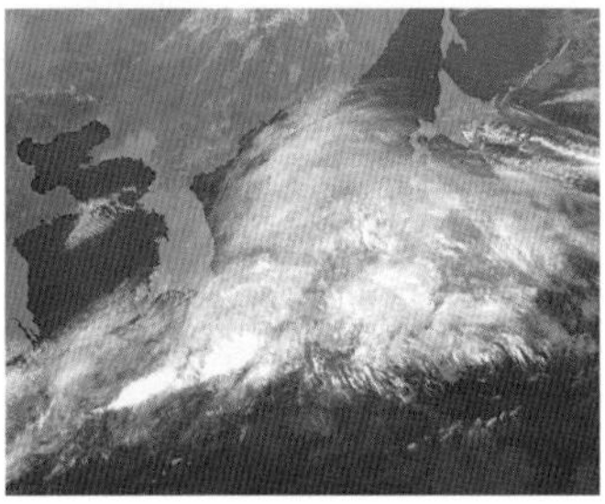

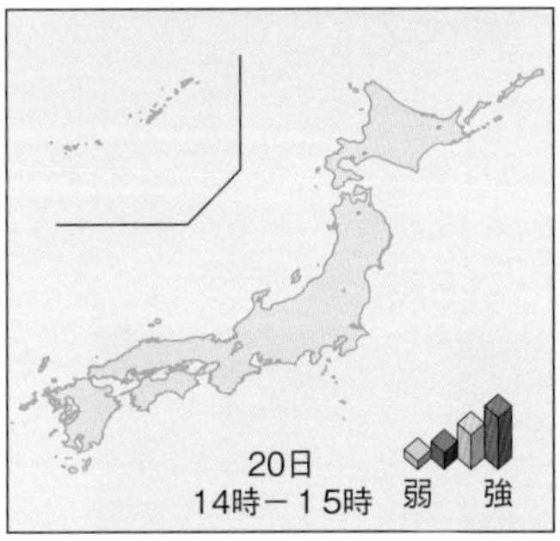

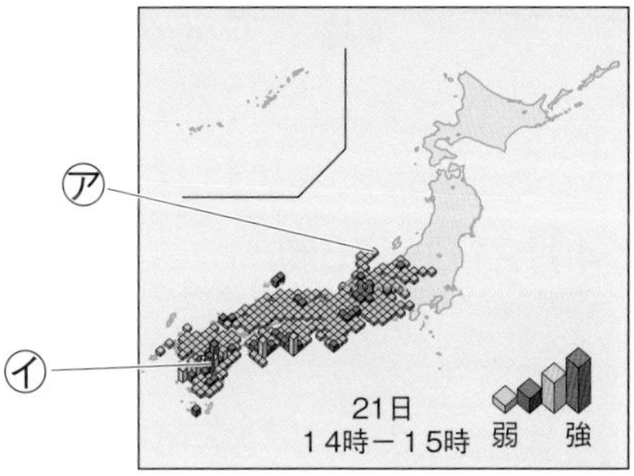

(1)　雲画像で雲におおわれている地域（ちいき）はどのような天気ですか。次の**ア**，**イ**から選びましょう。

（　　　　　）

ア　晴れ　　**イ**　くもりや雨

(2)　強い雨が降（ふ）っている地域は，㋐，㋑のどちらですか。

（　　　　　）

(3)　次の文の（　　　）にあてはまる言葉を，下の［　　］から選びましょう。ただし，同じものを選んでもかまいません。

4月20日から21日にかけて，雲は①（　　　　　　　　）に動いている。また，天気は②（　　　　　　　　）に変わっている。

東から西　　西から東　　北から南　　南から北

ヒント　[1](2)雨量情報では，雨が降っている地域と雨の強さがわかります。

● 台風について，言葉をなぞりましょう。

台風

| 台風 | は日本の | 南 | の海上で発生し， | 夏 | から | 秋 | にかけて

日本に近づく。

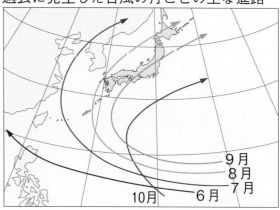

過去に発生した台風の月ごとの主な進路

9月
8月
7月
10月　6月

台風が近づくと，| 雨 | や | 風 | が強くなる。

台風情報の見方

台風が近づいたときは，最新の進路予想などの情報を活用する。

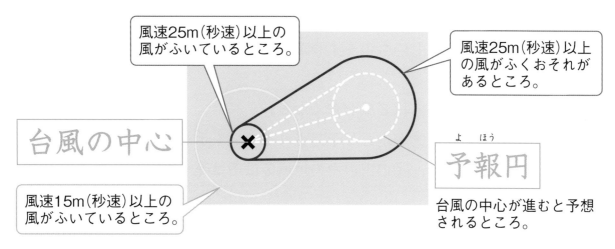

風速25m（秒速）以上の
風がふいているところ。

風速25m（秒速）以上
の風がふくおそれが
あるところ。

台風の中心

予報円

風速15m（秒速）以上の
風がふいているところ。

台風の中心が進むと予想
されるところ。

31

1 右の図は，台風が日本に近づいたときの気
象衛星の雲画像です。次の問いに答えましょう。

(1) 台風が日本に近づくのは，いつごろです
か。次の**ア〜エ**から1つ選びましょう。

(   )

ア 春から夏　　**イ** 夏から秋

ウ 秋から冬　　**エ** 冬から春

(2) 次の文の( )にあてはまる言葉を，下の ▢ から選びましょう。

台風は，日本の①(   )の海上で発生し，台風が近
づいた地域では，②(   )が強くなる。

東　　西　　南　　北　　雨や風　　日ざし

2 右の図は，台風情報を示していま
す。次の問いに答えましょう。

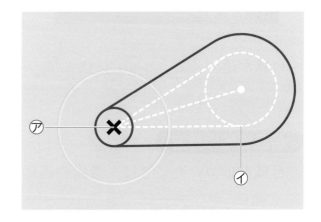

(1) ㋐，㋑は，それぞれ何を表して
いますか。

㋐(   )

㋑(   )

(2) 次の**ア〜ウ**から正しいものを1つ選びましょう。

(   )

ア ㋐から遠いところほど風が強くなる。

イ ㋑は，これから㋐が進むと予想される地域を示している。

ウ 台風が動いても，㋑の円の中の地域では雨は降らない。

ヒント　**2**台風が近づくと，天気が急に変わることがあるため，最新の台風情報を確認する必
要があります。

17 台風とわたしたちのくらし

●台風による災害とめぐみについて，言葉をなぞりましょう。

台風による災害とめぐみ

台風による強い風や大雨によって　災害　が起きることがある。また，

大雨　がめぐみをもたらすことがある。

大雨 による災害	こう水が起こる。 土砂くずれが起こる。 川の増水によって橋などが流される。 　　　　　　　　　　　　　　　　　　など
強い 風 による災害	木や電柱がたおれる。 作物がしゅうかくできなくなる。 建物のガラスが割れる。 　　　　　　　　　　　　　　　　　　など
めぐみ	水不足　が解消される。 　　　　　　　　　　　　　　　　　　など

台風に対する備え

ハザードマップ　などで，危険な場所や避難場所をあらかじめ

調べておく。台風が近づいたら，注意報や警報など，最新の情報を集める。

避難するときに必要なものを，日ごろから準備
しておこう。

33

1 次の図は，台風によって起こった災害のようすです。あとの問いに答えましょう。

㋐　　　　　　　　　　　　　　　　㋑

(1)　㋐，㋑の災害を引き起こしたのは，台風による強い風と大雨のどちらですか。

㋐（　　　　　　　　　　　　）　㋑（　　　　　　　　　　　　）

(2)　台風による災害を，次の**ア～ウ**から1つ選びましょう。

（　　　　　　　）

ア　気温の高い晴れた日が続き，水が不足する。
イ　大雨によって川の水が急に増えてあふれる。
ウ　ダムに水がたくわえられる。

(3)　次の文の（　　　）にあてはまる言葉を，下の　　　から選んで書きましょう。

　台風は，災害だけでなく，大雨によって（　　　　　　　　　　　）が
解消されるなど，めぐみをもたらすこともある。

こう水　　土砂くずれ　　水不足

(4)　台風に対する備えとして，避難場所や危険な場所をあらかじめ調べておくときに参考にするとよい地図を何といいますか。

（　　　　　　　　　　　　　　　　　）

ヒント　　**1**(1)㋑大雨によって，地面が短時間に多くの水をふくむと，しゃ面がくずれ落ちることがあります。

アサガオの花のつくり

● アサガオの花について，言葉や数字をなぞりましょう。

アサガオの花のつくり

アサガオの花は，がく，花びら，おしべ，めしべなどの部分からできている。

チャレンジ！
おしべとめしべの数を書こう。

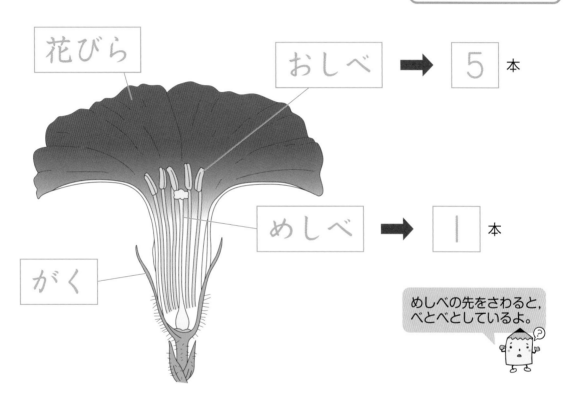

花びら

おしべ　➡　5　本

めしべ　➡　1　本

がく

めしべの先をさわると，べとべとしているよ。

アサガオの花には，1つの花におしべとめしべがあり，おしべの先には

花粉（かふん）がある。

花粉はおしべでつくられるんだね。

めしべのもとは，ふくらんでいる。

[1] 右の図は，アサガオの花のつくりを表しています。次の問いに答えましょう。

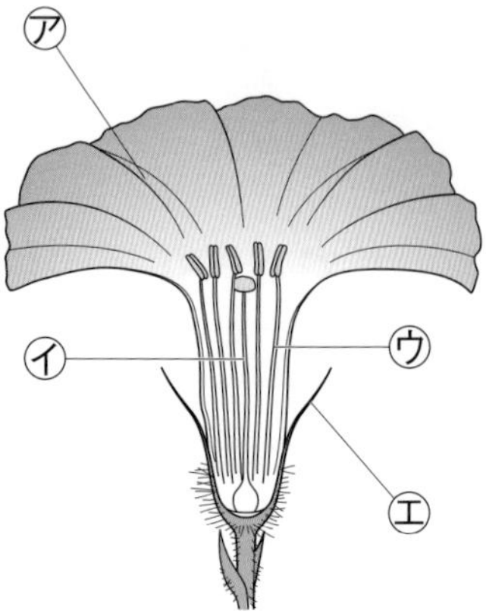

(1) ㋐～㋓のつくりをそれぞれ何といいますか。

㋐（　　　　　　　　　）

㋑（　　　　　　　　　）

㋒（　　　　　　　　　）

㋓（　　　　　　　　　）

(2) ㋑のもとはどのようになっていますか。次の**ア**，**イ**から選びましょう。

（　　　　）

ア 粉（こな）のようなものがついている。

イ ふくらんでいる。

(3) ㋑の先をさわるとどのように感じますか。次の**ア**，**イ**から選びましょう。

（　　　　）

ア べとべとしている。

イ さらさらしている。

(4) ㋒でつくられる粉のようなものを何といいますか。

（　　　　　　　　　）

(5) アサガオの花について，次の**ア**～**エ**から正しいものを１つ選びましょう。

（　　　　）

ア ㋑は，１つの花に５本ある。

イ ㋑は，１つの花に１本ある。

ウ ㋐～㋓のうち，花の中心にあるのは㋒である。

エ ㋐～㋓のうち，花のいちばん外側にあるのは㋐である。

ヒント [1](1)アサガオの花には，おしべ，めしべ，がく，花びらなどのつくりがあります。

ヘチマの花のつくり

● ヘチマの花について，言葉をなぞりましょう。

ヘチマの花のつくり

ヘチマの花は，おばなに　おしべ　があり，

めばなに　めしべ　がある。

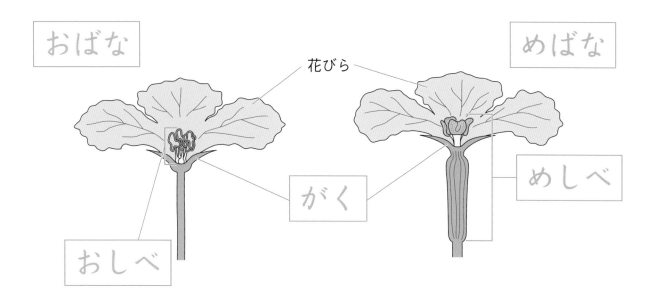

おばな

めばな

花びら

がく

めしべ

おしべ

おしべの先には　花粉　がある。

めしべのもとは，ふくらんでいる。

花には，1つの花におしべとめしべがあるものと，別々の花におしべとめしべがあるものがあるんだね。

いろいろな花のつくり

1つの花におしべとめしべがあるもの　⇨オクラ，アブラナなど

別々の花（おばなとめばな）に
　　おしべとめしべがあるもの　⇨ツルレイシ，カボチャなど

[1] 次の図は，ヘチマの花のつくりを表しています。あとの問いに答えましょう。

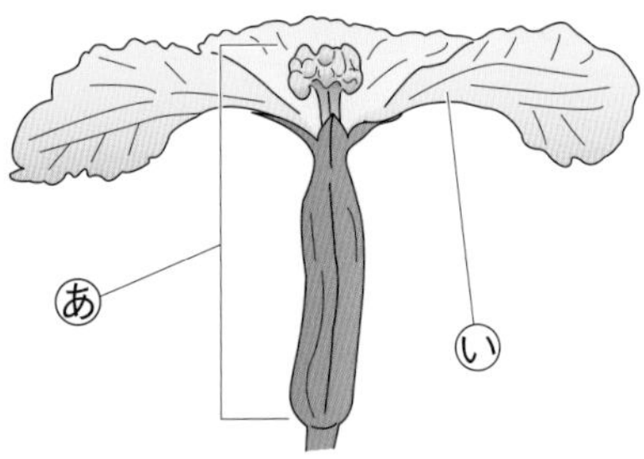

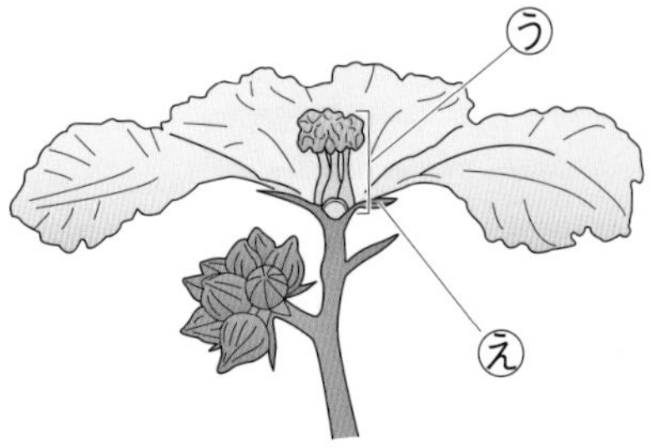

(1) ㋐，㋑は，おばなとめばなのどちらですか。

㋐（　　　　　　　　　　）

㋑（　　　　　　　　　　）

(2) [あ]～[え]のつくりをそれぞれ何といいますか。

[あ]（　　　　　　　　　　）

[い]（　　　　　　　　　　）

[う]（　　　　　　　　　　）

[え]（　　　　　　　　　　）

(3) [う]の先から出る粉（こな）を何といいますか。

（　　　　　　　　　　）

(4) アサガオの花とヘチマの花のちがいについて，次の文の（　　　）にあてはまる言葉を書きましょう。

アサガオの花は，①（　　　　　　　　　　）の花におしべとめしべがあるが，ヘチマの花は，②（　　　　　　　　　　）の花におしべとめしべがある。

ヒント [1](4)アサガオの花には，ヘチマの花のようなおばなとめばなの区別はありません。

20 けんび鏡の使い方

● けんび鏡について，言葉や記号をなぞりましょう。

けんび鏡

日光が直接 当たらない 場所で使う。

けんび鏡の倍率＝接眼レンズの倍率 対物レンズの倍率

接眼レンズ

つつ

アーム

観察するものをのせたスライドガラスを，プレパラートというよ。

対物レンズ

クリップ

ステージ

調節ねじ

反射鏡

台

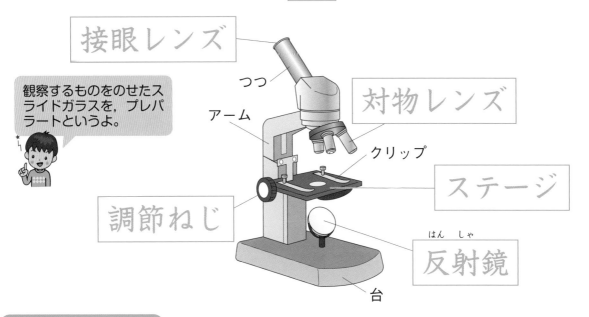

けんび鏡の使い方

①　対物レンズをいちばん低い倍率のものにし，反射鏡を動かして明るく見えるようにする。

②　ステージにプレパラート（スライドガラス）を置いてクリップでとめる。

③　横から見ながら調節ねじを回して，対物レンズとプレパラートを近づける。

④　調節ねじを回し，対物レンズとプレパラートを 遠ざけ ながら

ピントを合わせる。

より大きく見たいときは，対物レンズを倍率の高いものに変えよう。

[1] 右の図は，けんび鏡を表しています。次の問いに答えましょう。

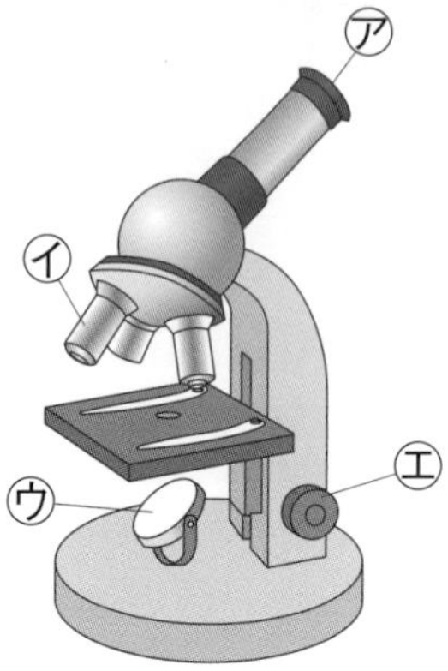

⑴ ㋐～㋓をそれぞれ何といいますか。

㋐（　　　　　　　　）
㋑（　　　　　　　　）
㋒（　　　　　　　　）
㋓（　　　　　　　　）

⑵ 明るく見えるようにするために動かす部分を，㋐～㋓から選びましょう。

（　　　　）

[2] けんび鏡の使い方について，次の問いに答えましょう。

⑴ 次の**ア～ウ**から正しいものを１つ選びましょう。（　　　　）

ア 観察するものは，ペトリ皿に入れてそのまま観察する。

イ けんび鏡は，日光が直接当たらない明るい場所で使う。

ウ けんび鏡は，日光が当たらない暗い場所で使う。

⑵ 次の**ア～エ**を，けんび鏡の正しい使い方の順に並べましょう。

（　　　→　　　→　　　→　　　）

ア 横から見て調節ねじを回し，対物レンズとプレパラートを近づける。

イ ステージにプレパラートを置いてクリップでとめる。

ウ 調節ねじを回し，対物レンズとプレパラートを遠ざけながらピントを合わせる。

エ 対物レンズをいちばん低い倍率のものにし，反射鏡を動かして明るく見えるようにする。

⑶ 次の（　　　）に，＋，－，×，÷のうち，あてはまる記号を書きましょう。

けんび鏡の倍率＝接眼レンズの倍率（　　　　）対物レンズの倍率

ヒント [2] ⑵対物レンズがプレパラートにぶつからないように，横から見ながら対物レンズとプレパラートを近づけた後，遠ざけながらピントを合わせます。

21 花粉の観察

● 花粉の観察について，言葉をなぞりましょう。

花粉の観察

花粉は，けんび鏡を使って観察する。

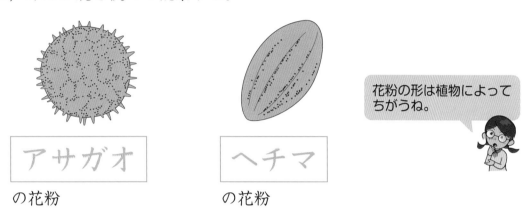

花粉の形は植物によってちがうね。

アサガオ　の花粉

ヘチマ　の花粉

めしべのようす

花粉は，　おしべ　から　めしべ　の先に運ばれる。

めしべの先に花粉がつくことを，　受粉（じゅふん）　という。

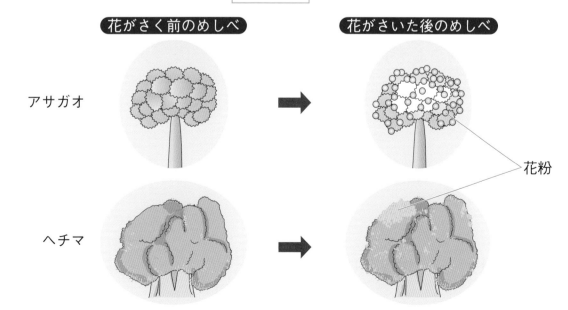

花がさく前のめしべ		花がさいた後のめしべ
アサガオ	→	花粉
ヘチマ	→	

1 右の図は，アサガオとヘチマの花粉(かふん)のようすです。次の問いに答えましょう。

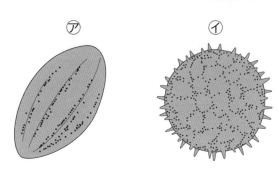

(1) ⑦や⑦を，最も大きく拡大して観察できる道具を，次の**ア〜ウ**から｜つ選びましょう。

(　　　　　)

ア そう眼(がん)実体けんび鏡 　　**イ** 解(かい)ぼうけんび鏡 　　**ウ** けんび鏡

(2) ⑦，⑦の花粉は，アサガオとヘチマのどちらですか。

⑦(　　　　　　　　　　　)

⑦(　　　　　　　　　　　)

2 右の図は，花がさく前と後のアサガオとヘチマのめしべのようすです。次の問いに答えましょう。

粉のようなもの

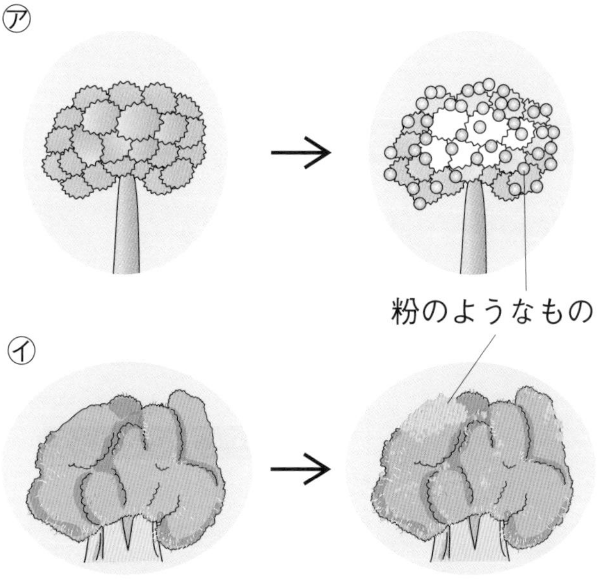

(1) アサガオのめしべは，⑦，⑦のどちらですか。

(　　　　　)

(2) 花がさいた後のめしべについていた，粉(こな)のようなものは何ですか。

(　　　　　　　　)

(3) (2)がめしべの先につくことを何といいますか。

(　　　　　　　　　　　　)

(4) (2)はどこから運ばれてきますか。

(　　　　　　　　　　　　)

ヒント 　**1**(1)花粉の形は植物によってちがっていて，100倍から200倍ほどの倍率で観察します。

22 アサガオの受粉

アサガオの受粉について，言葉をなぞりましょう。

アサガオの受粉

アサガオの花は，| 受粉 | すると，| めしべ | のもとがふくらんで

| 実 | になる。

実の中には | 種子 | ができている。

調べたい条件を1つだけ
変えて実験しよう。

アサガオの受粉の実験

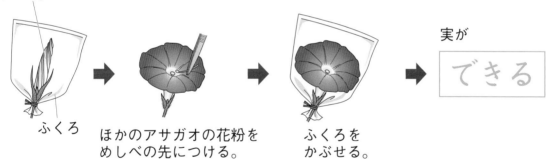

つぼみのおしべは
すべてとりのぞい
ておく。

ふくろ

ほかのアサガオの花粉を
めしべの先につける。

ふくろを
かぶせる。

実が
| できる |

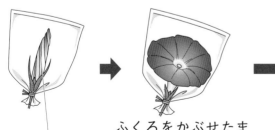

つぼみのおしべは
すべてとりのぞい
ておく。

ふくろをかぶせたま
まにしておく。

実が
| できない |

ふくろをかぶせるのは，風や
こん虫によって自然に受粉し
ないようにするためだよ。

43

[1] 次の図のように，2つのアサガオのつぼみのおしべをすべてとり，花がさいた後，一方だけに花粉をつけて，実ができるかどうかを調べました。あとの問いに答えましょう。

㋐

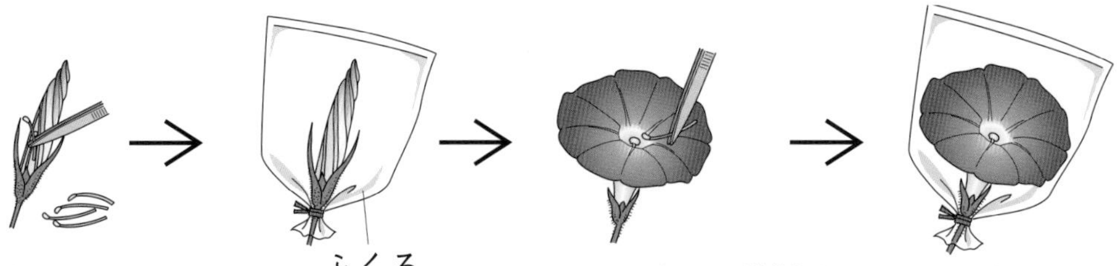

つぼみのおしべをとりのぞく。
ふくろ
ほかのアサガオの花粉をめしべの先につける。
ふくろをかぶせる。

㋑

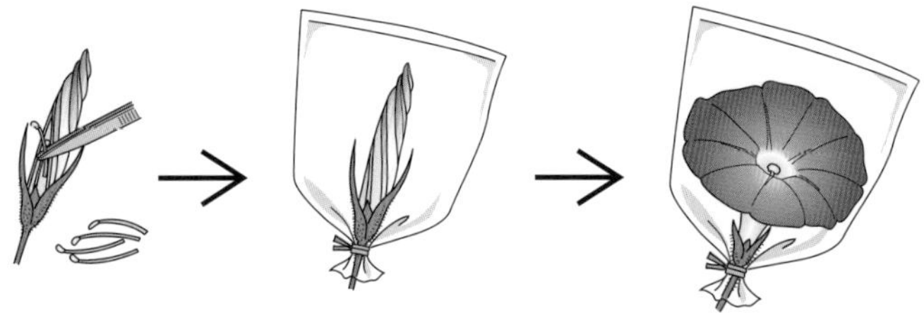

つぼみのおしべをとりのぞく。
ふくろをかぶせたままにしておく。

(1) 花がさく前におしべをすべてとったのはなぜですか。次の**ア**，**イ**から1つ選びましょう。

（　　　）

ア はやく花がさくようにするため。

イ 自然に受粉しないようにするため。

(2) 花がしぼんだ後，実ができるのは㋐，㋑のどちらですか。

（　　　）

(3) 実になるのはどの部分ですか。次の**ア**～**ウ**から1つ選びましょう。

（　　　）

ア めしべの先　**イ** めしべのもと　**ウ** おしべのもと

(4) できた実の中には何ができていますか。（　　　）

ヒント [1](1)アサガオは，花が開く直前におしべがのびて受粉します。

23 ヘチマの受粉

月　日
⏰ かかった時間
分

●ヘチマの受粉について，言葉をなぞりましょう。

ヘチマの受粉

ヘチマの花は，　受粉　すると，　めしべ　のもとがふくらんで

実　になる。

実の中には　種子　 ができている。

めばなにふくろをかぶせて実験しよう。

ヘチマの受粉の実験

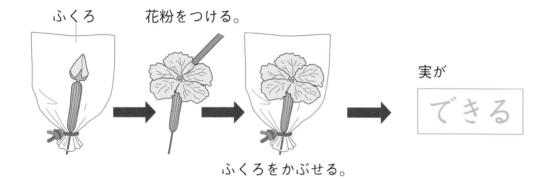

ふくろ　　花粉をつける。

ふくろをかぶせる。

実が　できる

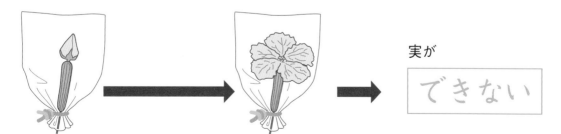

実が　できない

ふくろをかぶせたままにする。

1 右の図のように，ヘチマのめばなのつぼみを2つ選んでふくろをかぶせ，㋐は花がさいたら花粉をつけ，㋑はふくろをかぶせたままにして，実ができるかどうかを調べました。次の問いに答えましょう。

(1) つぼみにふくろをかぶせたのはなぜですか。次の**ア〜ウ**から1つ選びましょう。

( )

㋐
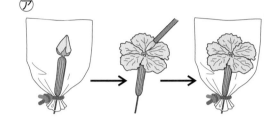

ア 自然に受粉しないようにするため。
イ 日光が直接当たらないようにするため。
ウ 温度を一定にするため。

㋑
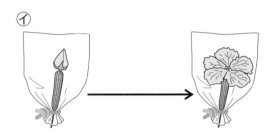

(2) ㋐で花粉をつけるのは，めばなのどこですか。

( )

(3) 花がしぼんだ後に実ができるのは，㋐，㋑のどちらですか。

( )

(4) 実になるのは，めしべのどの部分ですか。

( )

(5) 次の文の( )にあてはまる言葉を，下の▅▅▅から選びましょう。

㋐と㋑では，①( )をつけるかつけないか以外の条件はすべて同じにして実験している。実験の結果から，実ができるためには，②( )することが必要なことがわかる。

おしべ　　めしべ　　受粉　　花粉

ヒント おばなには実ができないので，めばなを2つ選んで実験します。

流れる水のはたらき

月　日
⏰ かかった時間
分

● 流れる水のはたらきについて，言葉をなぞりましょう。

流れる水のはたらき

　流れる水には，地面をけずるはたらき（ しん食 ），

けずったものを運ぶはたらき（ 運ぱん ），

運ばれたものを積もらせるはたらき（ たい積 ）がある。

水の量が増えると，しん食
と運ぱんのはたらきが大き
くなるんだね。

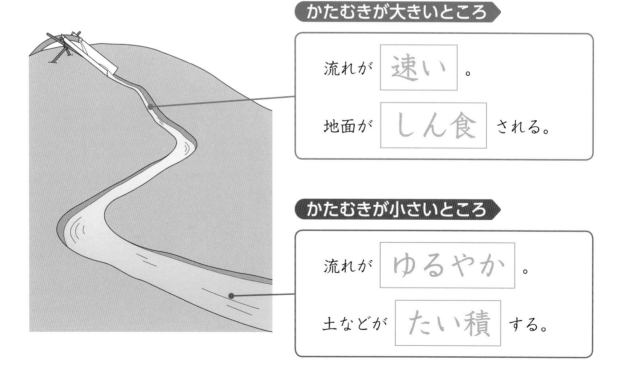

かたむきが大きいところ

流れが 速い 。

地面が しん食 される。

かたむきが小さいところ

流れが ゆるやか 。

土などが たい積 する。

[1] 右の図は，土でつくった山に水を流したようすです。次の問いに答えましょう。

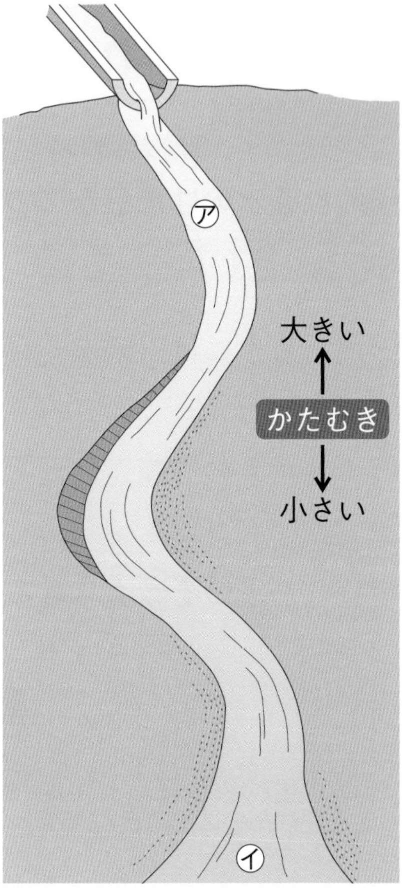

(1)　水の流れが速いのは，㋐，㋑のどちらですか。

（　　　　）

(2)　㋐では，流れる水が土をけずっています。このようなはたらきを何といいますか。

（　　　　）

(3)　水の量が増（ふ）えると，(2)のはたらきはどうなりますか。

（　　　　）

(4)　流れる水が，土などを運ぶはたらきを何といいますか。

（　　　　）

(5)　流れる水が，運ばれてきた土などを積もらせるはたらきを何といいますか。

（　　　　）

(6)　(5)のはたらきが大きいのは，㋐，㋑のどちらですか。

（　　　　）

(7)　㋑に積もる土の量について正しく説明しているものを，次の**ア**～**ウ**から１つ選びましょう。

（　　　　）

ア　流れる水の量に関係なく，いつも同じ量が積もる。
イ　流れる水の量が増えると，積もる量が少なくなる。
ウ　流れる水の量が増えると，積もる量が多くなる。

ヒント　[1](1)図の㋐はかたむきが大きいところ，㋑はかたむきが小さいところです。

25 流れる川のようす

月　日
⏰ かかった時間
分

●川のようすについて，言葉をなぞりましょう。

 川が曲がっているところ

外側 流れが | 速い |。　川底が | 深い |。

| がけ | になっている。 | しん食 | のはたらきが大きい。

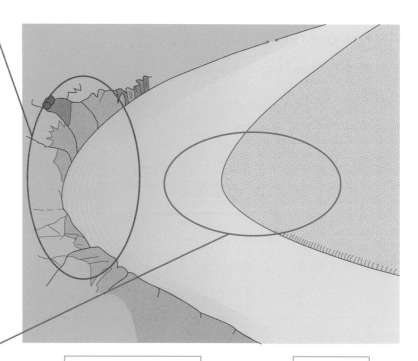

内側 流れが | ゆるやか |。　川底が | 浅い |。

<small>かわら</small>
| 川原 | が広がっている。

| たい積 | のはたらきが大きい。

しん食はけずるはたらき，
たい積は積もらせるはたらきだよ。

49

[1] 右の図は，川が曲がって流れているところのようすです。次の問いに答えましょう。

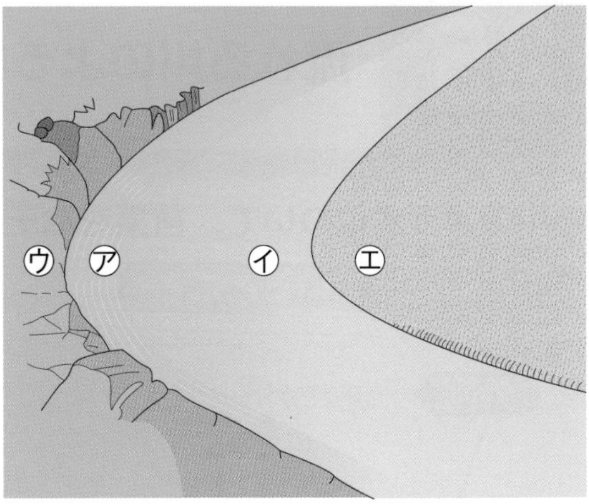

(1)　流れがゆるやかなのは㋐，㋑のどちらですか。

(　　　　)

(2)　㋐ではたらきが大きくなっているのは，次の**ア**，**イ**のどちらですか。

(　　　　)

ア　土などをけずるはたらき

イ　土などを積もらせるはたらき

(3)　(2)のはたらきを何といいますか。　(　　　　　　　　)

(4)　次の文の(　　　)にあてはまる言葉を，下の[　　]から選びましょう。

㋐，㋑のうち，㋑のほうが川底が①(　　　　　　　　　)なっている。これは，川が曲がって流れているところの内側では，②(　　　　　　　　　)のはたらきが大きいためである。

深く　　浅く　　運ぱん　　たい積

(5)　㋒，㋓について，次の**ア**～**エ**から正しいものを１つ選びましょう。

(　　　　)

ア　㋒にも㋓にも川原（かわら）が広がっている。

イ　㋒には川原が広がっていて，㋓はがけになっている。

ウ　㋒はがけになっていて，㋓には川原が広がっている。

エ　㋒も㋓もがけになっている。

ヒント　[1](5)流れる水のはたらきによって地面がけずられると，がけができます。

26 川の流れによる土地の変化

● 川のようすについて，言葉をなぞりましょう。

川と川岸の石

山の中を流れる川と平地を流れる川では，川の｜ はば ｜，流れの速さ，

川岸で見られる石の大きさや形などがちがう。

	山の中を流れる川	平地を流れる川
川のはば	せまい	広い
流　れ	速い	ゆるやか
石の大きさ	大きい	小さい
石　の　形	角ばっている	丸みがある

1 次の図は，ある川の，山の中と平地でのようすです。あとの問いに答えましょう。

(1) 川のはばが広いのは，山の中と平地のどちらですか。

(　　　　　　　　)

(2) 流れがゆるやかなのは，㋐，㋑のどちらの川ですか。

(　　　　　　　　)

(3) 川岸にある石が小さいのは，㋐，㋑のどちらの川ですか。

(　　　　　　　　)

(4) 川岸にある石の形について，次の**ア**〜**エ**から正しいものを1つ選びましょう。

(　　　　　　　　)

ア ㋐の石も㋑の石も角ばっている。

イ ㋐の石は角ばっていて，㋑の石は丸みがある。

ウ ㋐の石は丸みがあり，㋑の石は角ばっている。

エ ㋐の石も㋑の石も丸みがある。

(5) ㋐，㋑は，山の中と平地のどちらにある川ですか。

㋐(　　　　　　　　)

㋑(　　　　　　　　)

ヒント **1**(4)川岸の石は，流れる水のはたらきによって，割れたりけずられたりして形が変わっていきます。

27 川とわたしたちのくらし

●川とわたしたちのくらしについて，言葉をなぞりましょう。

川と災害

大雨などで川の水が増え，流れる水のはたらきが大きくなると，

こう水 などの災害が起こることがある。

こう水に備える工夫

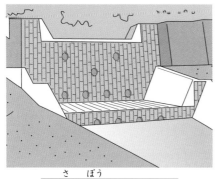

砂防ダム

石や砂をため，水や土砂の流れの勢いを弱くする。

ダム

雨水をためて，水が一度に下流に流れるのを防ぐ。

こう水ハザードマップ

避難場所や避難ルート，危険なところを確認することができる。

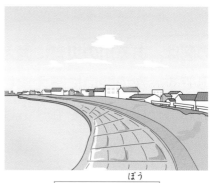

てい防

川の水があふれるのを防ぐ。

53

[1] 次の図は，大雨のときの災害(さいがい)に備(そな)える工夫を表したものです。あとの問いに答えましょう。

㋐
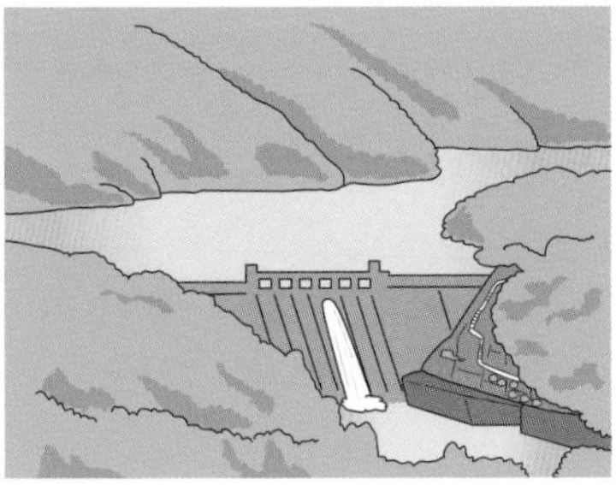

㋑
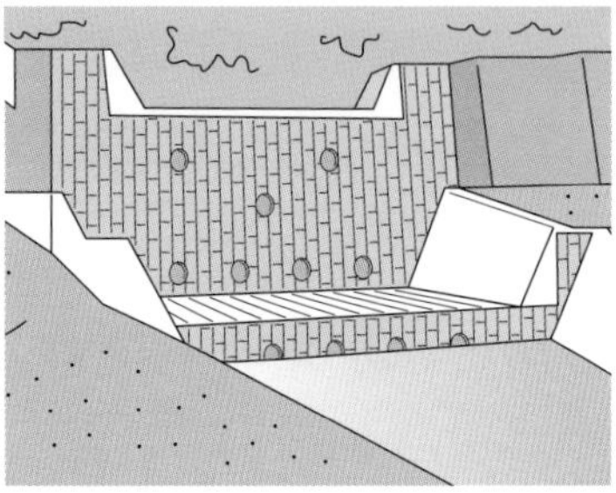

(1) 次の文の（　　）にあてはまる言葉を書きましょう。

> 大雨によって川の水が①（　　　　　　　　）と，流れる水の②（　　　　　　　　）と運ぱんのはたらきが大きくなり，わたしたちのくらしをおびやかす災害が起こることがある。

(2) ㋐，㋑をそれぞれ何といいますか。下の［　］から選びましょう。

㋐（　　　　　　　　）　㋑（　　　　　　　　）

てい防　　砂防(さぼう)ダム　　遊水地　　ダム

(3) 石や砂(すな)をため，水や土砂(どしゃ)の流れの勢(いきお)いを弱くするのは，㋐，㋑のどちらですか。（　　）

[2] 右の図は，ある川の災害に備える工夫を表したものです。次の問いに答えましょう。

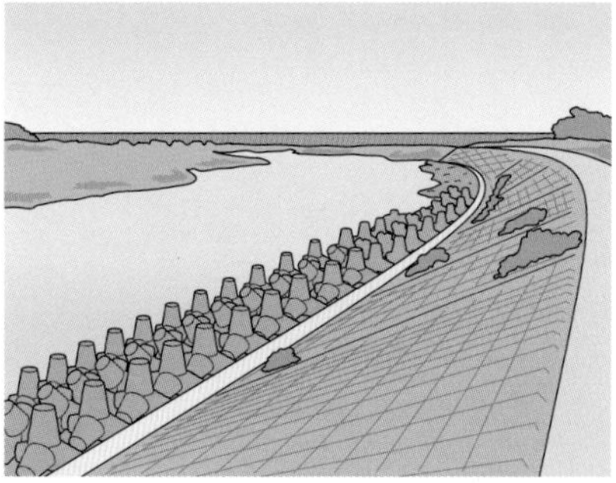

(1) 図のように，川岸をもりあげたものを何といいますか。（　　　　　　）

(2) 図のブロックは何を防(ふせ)ぐための工夫ですか。次の**ア**，**イ**から１つ選びましょう。（　　）

ア　川の水があふれること　　**イ**　川岸がけずられること

ヒント　[2](2)ブロックに水が当たることで，水の勢いを弱めることができます。

だ液のはたらき

月　日

かかった時間　　分

●だ液（えき）のはたらきについて，言葉をなぞりましょう。

だ液によるでんぷんの変化

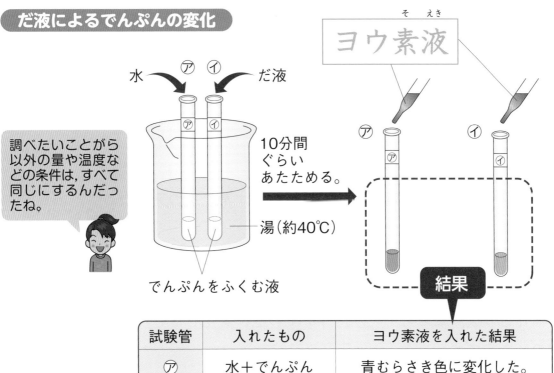

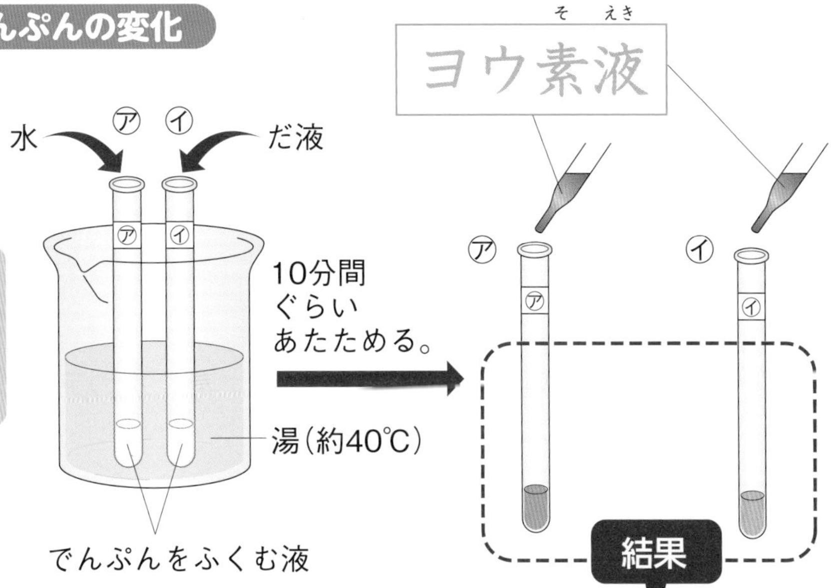
ヨウ素液（そえき）
水
だ液
㋐
㋑
10分間
ぐらい
あたためる。
湯（約40℃）
でんぷんをふくむ液
結果

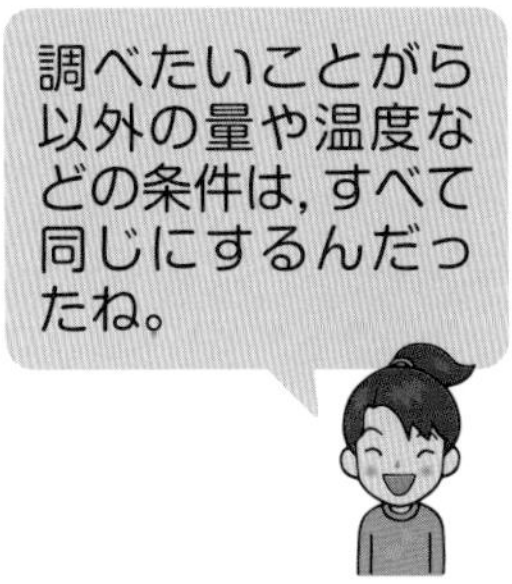
調べたいことがら
以外の量や温度な
どの条件は，すべて
同じにするんだっ
たね。

試験管	入れたもの	ヨウ素液を入れた結果
㋐	水＋でんぷん	青むらさき色に変化した。
㋑	だ液＋でんぷん	変化しなかった。

ご飯などにふくまれる［でんぷん］は，

［だ液］と混（ま）ざることで，別のものに変化する。

だ液がはたらく温度

だ液は人の体温に近い温度で最もよくはたらくので，実験では約40℃の湯であたためるよ。

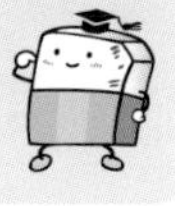

だ液のはたらき

食べ物をかみくだいて細かくしたり，体に吸収（きゅうしゅう）されやすいものに変えたりするはたらきを［消化（しょうか）］といい，食べ物を消化するはたらきをもつ液体を［消化液（しょうかえき）］という。

[1] 次の図のように，だ液のはたらきを調べました。あとの問いに答えましょう。

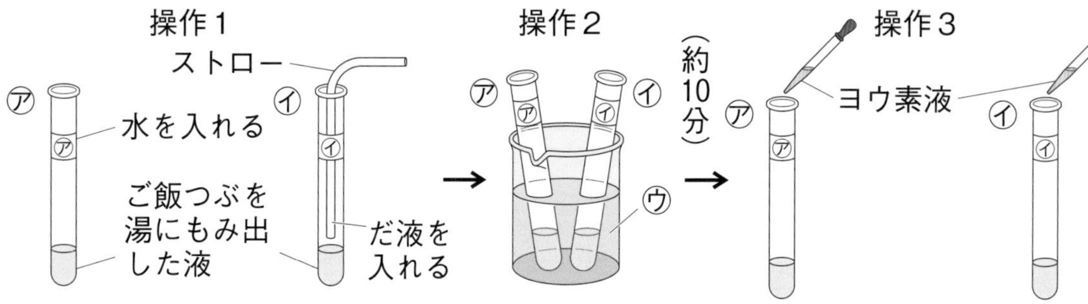
操作１
ストロー
㋐
水を入れる
㋑
ご飯つぶを
湯にもみ出
した液
だ液を
入れる
操作２
㋐
㋑
㋒
（約10分）
操作３
ヨウ素液
㋐
㋑

(1)　ご飯つぶにふくまれるでんぷんは，ヨウ素液によって何色に変化しますか。

（　　　　　　　　　　）

(2)　操作２で，㋒の水の温度は約何℃にしますか。次の**ア**～**ウ**から選びましょう。　（　　　　）

ア　約10℃　　**イ**　約40℃　　**ウ**　約70℃

(3)　操作３の後，どちらか一方だけが(1)の色に変化しました。変化したのは㋐，㋑のどちらですか。　（　　　　）

(4)　(3)から，でんぷんがなくなったといえるのは㋐，㋑のどちらですか。

（　　　　）

(5)　次の文は，実験の結果についてまとめたものです。（　　　）にあてはまる言葉を書きましょう。

実験の結果から，①（　　　　　　　　）のはたらきによって，②（　　　　　　　　）が別のものに変化したことがわかる。

(6)　だ液のはたらきのように，食べ物を体に吸収されやすいものに変えるはたらきを何といいますか。　（　　　　　　　　）

ヒント　[1](3)～(5)㋐を用意したのは，水にはでんぷんを別のものに変えるはたらきがないということを確かめるためです。㋑の結果から，だ液のはたらきがわかります。

29 食べ物の消化と吸収

●食べ物の消化と吸収について，言葉をなぞりましょう。

食べ物の消化　わたしたちがとり入れる食べ物は，

「口→ 食道 → 胃 → 小腸 → 大腸 →こう門」と続く

消化管 を通る間に，消化液と混ぜられながら吸収されやすい小さな養分

に変えられる。

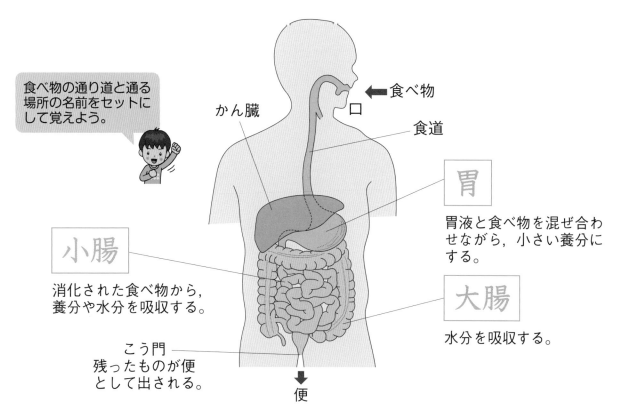

食べ物の通り道と通る
場所の名前をセットに
して覚えよう。

かん臓

← 食べ物
口
食道

胃
胃液と食べ物を混ぜ合わ
せながら，小さい養分に
する。

小腸
消化された食べ物から，
養分や水分を吸収する。

大腸
水分を吸収する。

こう門
残ったものが便
として出される。

便

消化された養分のゆくえ　消化された養分は，

おもに 小腸 で吸収され，小腸を通る血管

から血液中にとり入れられて，全身に運ばれる。

消化液のはたらき
だ液は，口に出される消化液。
ご飯やジャガイモに多くふく
まれるでんぷんを分解する。
胃液は，胃に出される消化液。
肉や大豆に多くふくまれるた
んぱく質を分解する。

[1] 右の図は，人の体のつくりを前から見たようすです。次の問いに答えましょう。

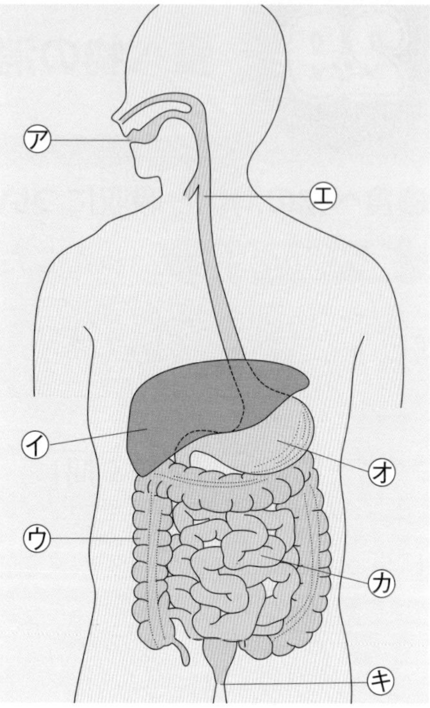

(1) 口からこう門まで続いている食べ物の通り道を何といいますか。

( )

(2) 食べ物を吸収(きゅうしゅう)されやすいものに変えるだ液(えき)のような液体を何といいますか。

( )

(3) 食べ物をかみくだき，だ液と混(ま)ぜるはたらきをするつくりを㋐～㋖から選びましょう。また，そのつくりを何といいますか。

記号( ) 名前( )

(4) 食べ物を胃液(いえき)と混ぜて消化するはたらきをするつくりを，㋐～㋖から選びましょう。また，そのつくりを何といいますか。

記号( ) 名前( )

(5) 消化された養分を吸収するはたらきをするつくりを，㋐～㋖から選びましょう。また，そのつくりを何といいますか。

記号( ) 名前( )

(6) 図の㋐から㋖までの体のつくりを，食べ物はどのように通りますか。正しい順に並(なら)べましょう。ただし，食べ物は図のすべての体のつくりを通るとは限(かぎ)りません。

(㋐ → → ㋖)

ヒント [1](6)㋑はかん臓です。吸収された養分はまずかん臓で一部がたくわえられ，必要な分が全身に送られます。かん臓では消化は行われていません。

30 吸う空気とはく空気

月 日
⏰ かかった時間
分

🔵 人が吸う空気とはく空気について，言葉や図の線をなぞりましょう。

吸う空気とはく空気のちがい

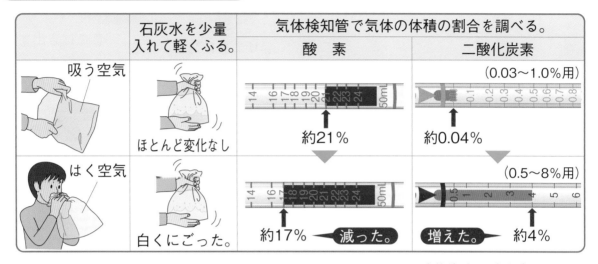

	石灰水を少量入れて軽くふる。	気体検知管で気体の体積の割合を調べる。	
		酸 素	二酸化炭素
吸う空気	ほとんど変化なし	約21%	（0.03〜1.0%用）約0.04%
はく空気	白くにごった。	約17% 減った。	増えた。 （0.5〜8%用）約4%

チャレンジ！
——をなぞって，気体の割合の変化を確認しよう。

気体の体積の割合

二酸化炭素や水蒸気など

吸う空気	ちっ素	酸素

はく空気	ちっ素	酸素

はき出した空気の体積の割合は，

酸素 が減って， 二酸化炭素 が増えた。

> ちっ素はほとんど変化しないね。

体の中の気体の出入り

人や動物が空気を吸ったりはいたりして，
空気中の酸素をとり入れ，二酸化炭素を出す

はたらきを 呼吸 という。

はき出される水蒸気

人がはく空気には水蒸気も多くふくまれているよ。あせやにょうのほかに，呼吸によっても余分な水分を体の外に出しているんだ。

1 右の図のように，吸う空気とはく空気のちがいについて実験１と実験２を行って調べました。次の問いに答えましょう。

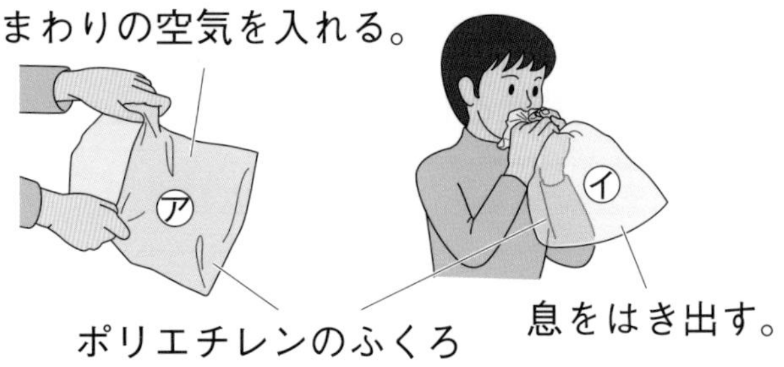

(1) ㋑のふくろがくもったのは，㋐と比べて㋑には何が多くふくまれているからですか。

(　　　　　　　　　　)

(2) 実験１で，石灰水が白くにごったふくろは，㋐，㋑のどちらですか。　(　　　　)

実験１

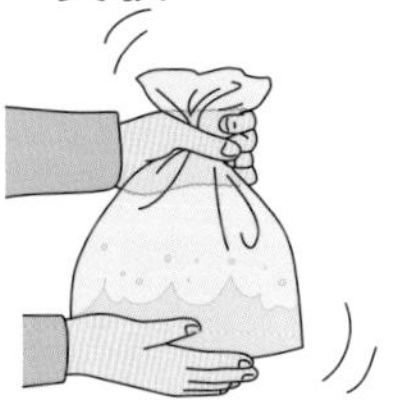

㋐，㋑それぞれに少量の石灰水を入れて軽くふる。

実験２

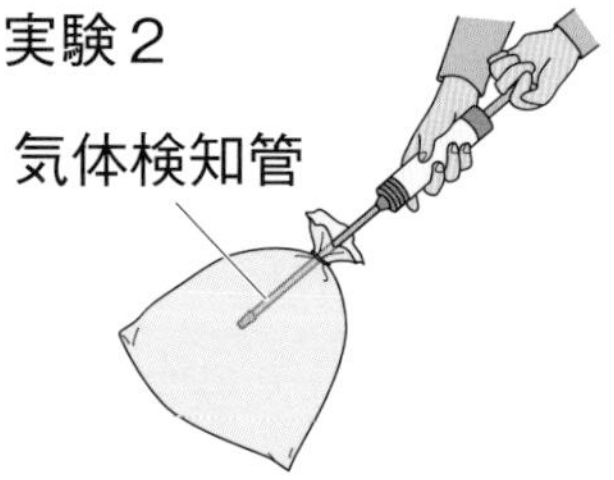

㋐，㋑それぞれに気体検知管をさしこみ，気体の体積の割合を調べる。

(3) (2)のふくろに多くふくまれている気体は何ですか。

(　　　　　　　　　　)

(4) 右の図は，酸素用検知管で調べた実験２の結果です。Ⓑは，㋐，㋑のどちらの結果ですか。

(　　　　)

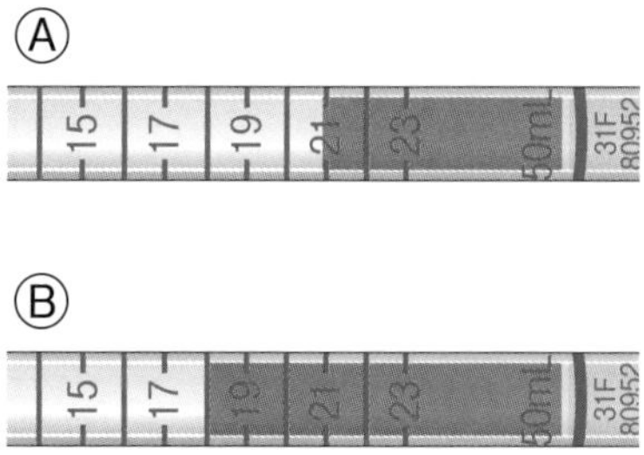

(5) (4)のように考えたのはなぜですか。

(　　　　　　　　　　　　　　　　　　　　)

2 次の文の(　　　)にあてはまる言葉を書きましょう。

人は，空気を吸ったりはき出したりして，①(　　　　　　　　)の一部を体の中にとり入れ，体の外に②(　　　　　　　　)を出している。このはたらきを，③(　　　　　　　　)という。

ヒント **1**(4)気体検知管が示す値を正しく読みとりましょう。Ⓑの酸素の体積の割合は，Ⓐと比べて多いでしょうか？　少ないでしょうか？

31 呼吸のしくみ

● 呼吸（こきゅう）のしくみについて，言葉や図の矢印をなぞりましょう。

呼吸に関係するつくり　鼻や口から入った空気は，

気管 を通って，左右の 肺 に入る。

チャレンジ！
矢印をなぞって，酸素の流れを確認しよう。

空気は人の体の中をどのように出入りしているのかな？

吸う
空気

はき出された空気

肺

酸素を血液中にとり入れ，二酸化炭素を出す。

気管

吸った空気とはき出す空気の通り道。

血液は，肺で酸素と二酸化炭素を交かんしているんだね。

酸素が多い血液　　二酸化炭素が多い血液　　酸素が多い血液

肺のはたらき　肺に入った空気中の 酸素（さんそ） の

酸素はすべて血液にとり入れられるわけではないよ。

一部は，肺を通る血管から血液（けつえき）中にとり入れられ，

二酸化炭素（にさんかたんそ） は，はき出す空気の中に出される。

いろいろな動物の呼吸

　陸にすむ動物は，人と同じように肺で呼吸するものが多い。

　水中にすむ魚は，えらで呼吸する。

水
酸素
えら
二酸化炭素

[1] 右の図は，人の呼吸に関係する体のつくりを表したものです。次の問いに答えましょう。

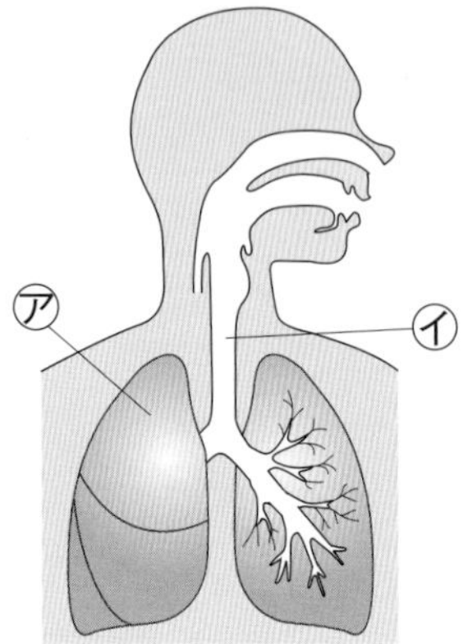

(1)　㋐，㋑のつくりをそれぞれ何といいますか。

㋐（　　　　　　　　　　　）

㋑（　　　　　　　　　　　）

(2)　次の文は，㋐のはたらきについてまとめたものです。（　　）にあてはまる言葉を書きましょう。

> 空気中の①（　　　　　　　　）の一部は，㋐の血管を流れる②（　　　　　　　　）にとり入れられて全身に送られる。（　②　）によって㋐に運ばれてきた③（　　　　　　　　）は，㋑を通って口や鼻から体の外にはき出される。

[2] 次の図は，イヌ，コイ，ウサギの呼吸に関係する体のつくりを表したものです。あとの問いに答えましょう。

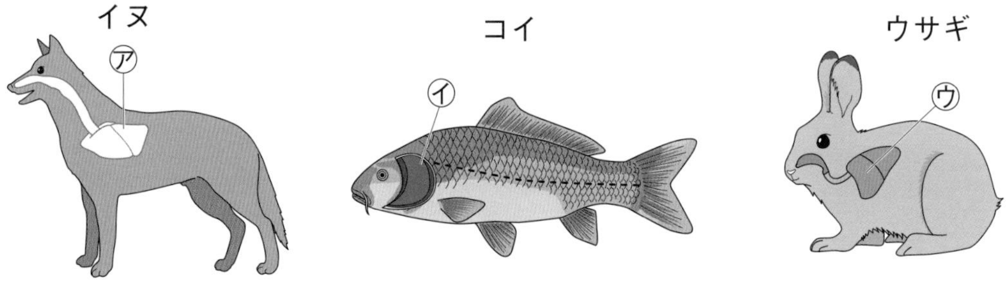

(1)　㋐～㋒の体のつくりをそれぞれ何といいますか。

㋐（　　　　　　　）　㋑（　　　　　　　）　㋒（　　　　　　　）

(2)　人と同じつくりで呼吸している動物には○を，そうでない動物には×を書きましょう。　イヌ（　　　）　コイ（　　　）　ウサギ（　　　）

(3)　コイはどこにある酸素をとり入れていますか。

（　　　　　　　　　）

ヒント　[1](2)肺には血管が通っています。血液が肺を流れている間に，酸素は血液の中に入り，二酸化炭素は血液の中から出ます。

血液の流れとはたらき

●心臓や血液のはたらきについて，言葉や図の矢印をなぞりましょう。

心臓のはたらき　　血液は，　心臓　によって肺や全身に送り出される。

心臓の規則正しい動きを　はく動　といい，この動きが血管を伝わって，

手首などで　脈はく　として感じられる。

> 血液の流れは一方通行。枝分かれしても，必ず心臓にもどってくるね。

血液のはたらき

チャレンジ！
肺から出た血液の流れを表す矢印をなぞろう。

スタート

血液の流れる向き

酸素が多い

肺

二酸化炭素が多い

心臓

かん臓

かん臓は血液中の養分をたくわえ，必要な分が全身に送られる。

小腸で，　養分　をとり入れる。

養分が多い。

じん臓　小腸

不要なものが少ない。

体の各部

じん臓は，血液中の不要なものを水とともにこし出して，にょうをつくる。

二酸化炭素や不要なものが多い　　酸素や養分が多い

血液は，体の各部の血管を流れながら，全身に　養分　や　酸素　を

届け，　二酸化炭素　や不要なものを受けとっている。

[1] 右の図は，人の体のあるつくりを表しています。次の問いに答えましょう。

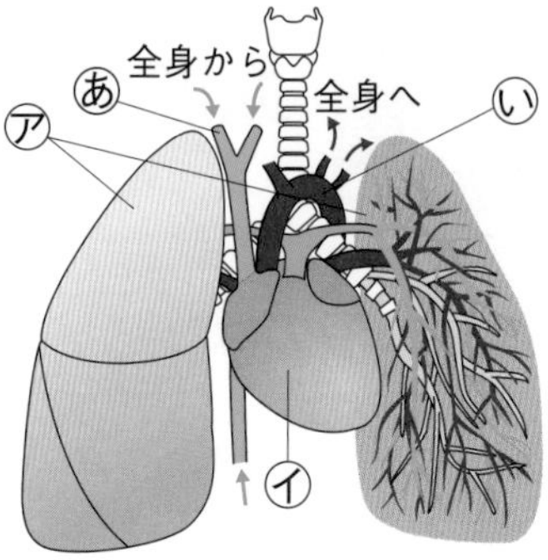

(1) ㋐，㋑のつくりをそれぞれ何といいますか。

㋐（　　　　　　）　㋑（　　　　　　）

(2) ㋑はどのようなはたらきをしていますか。

（　　　　　　　　　　　　　　　　　　　　）

(3) 酸素（さんそ）を多くふくむ血液（けつえき）が流れる血管は，[あ]，[い]のどちらですか。

（　　　　）

(4) 胸（むね）にちょうしん器を当てると，㋑が規則（きそく）正しく動いているのがわかります。この動きを何といいますか。（　　　　　　）

(5) 手首に指を軽く当てると，血管を伝わってきた㋑の動きが感じられます。この動きを何といいますか。（　　　　　　）

[2] 右の図は，人の体のつくりと血液の流れを表したものです。次の問いに答えましょう。

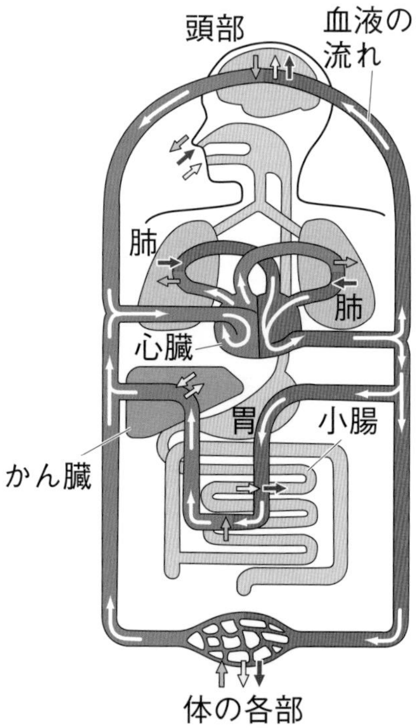

(1) 図の矢印が表しているものを，次の**ア**～**ウ**から選びましょう。　⇨（　　　　）

➡（　　　　）　⇨（　　　　）

ア　養分　　**イ**　酸素　　**ウ**　二酸化炭素（にさんかたんそ）

(2) 次の**ア**～**ウ**から血液が全身をめぐる正しい順を選びましょう。（　　　　）

ア　心臓（しんぞう）→全身→肺（はい）→心臓

イ　心臓→肺→全身→心臓

ウ　心臓→肺→心臓→全身→心臓

ヒント [2] (1)肺で受けとって全身に届けるものが酸素，全身から受けとって肺に出すものが二酸化炭素です。また，養分は小腸で吸収されます。

人の体のつくり

● 人の体のつくりについて，言葉をなぞりましょう。

臓器と血液　胃，小腸，かん臓，肺，心臓など，生きるために必要なはたらきをする体の中のつくりを　臓器　といい，　血液　によってつながり，たがいに関わり合ってはたらいている。

かん臓のはたらき

かん臓は，人の臓器の中で最も重いよ。
・小腸で吸収された養分を一時的にたくわえる。
・体に害のあるものをこわす。
・たん汁（脂肪の消化を助ける消化液）をつくる。
など，大切なはたらきをしているんだ。

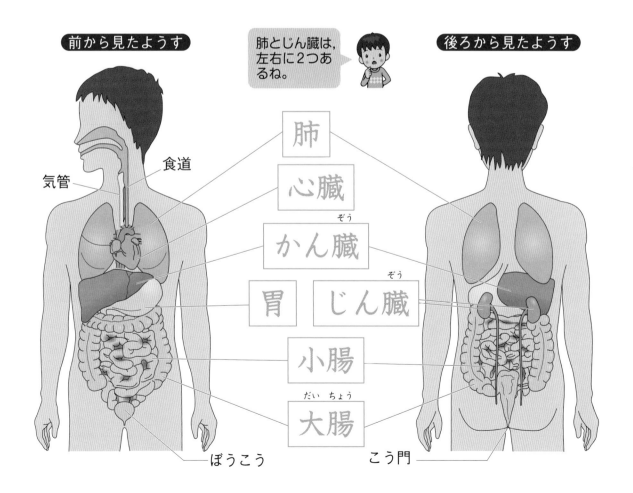

前から見たようす

肺とじん臓は，左右に2つあるね。

後ろから見たようす

気管　食道

肺
心臓
かん臓
胃　じん臓
小腸
大腸

ぼうこう　こう門

1 右の図は，人の体のつくりを前から見たようすです。次の問いに答えましょう。

(1) 生きるために必要なはたらきをする㋐〜㋔などを何といいますか。（　　　　　　　　）

(2) 次の①〜③のはたらきをするつくりを図の㋐〜㋔から選びましょう。また，そのつくりを何といいますか。

① 消化された養分を吸収する。

記号（　　）　名前（　　　　　　　）

② 血液を全身に送り出す。

記号（　　）　名前（　　　　　　　　　　）

③ 血液によって運ばれてきた養分を一時的にたくわえる。

記号（　　）　名前（　　　　　　　　　　）

口　㋐　㋑　㋒　㋓　㋔　㋕
こう門

2 右の図は，人の体のあるつくりを表したものです。次の問いに答えましょう。

(1) ㋐，㋑のつくりを何といいますか。

㋐（　　　　　　　　　）

㋑（　　　　　　　　　）

(2) 次の文の（　　　）にあてはまる言葉を，下の　　　から選んで書きましょう。

　　㋐では，体の中でできた①（　　　　　　　　　　　）が余分な

②（　　　　　　　　　）とともに血液中からこし出され，

③（　　　　　　　　　）がつくられる。（　③　）は，㋑に一時ため

られた後，体の外へ出される。

水分　　養分　　不要なもの　　酸素　　にょう

ヒント　❷(2)㋐のつくりを通る血管を流れる血液は，㋐に入ったときよりも㋐を出るときのほうが，不要なものが少なくなっています。

植物にとり入れられる水

● 植物にとり入れられる水について，言葉や図の矢印をなぞりましょう。

水の通り道　水は，根→ く き → 葉 と続く，

決まった水の 通り道 を通って，植物の体のすみずみまで，

届(とど)けられる。

> 水の通り道は管になっているね。植物の体の中で切れ目なくつながっているんだ。

チャレンジ！
ホウセンカの水の通り道をなぞろう。

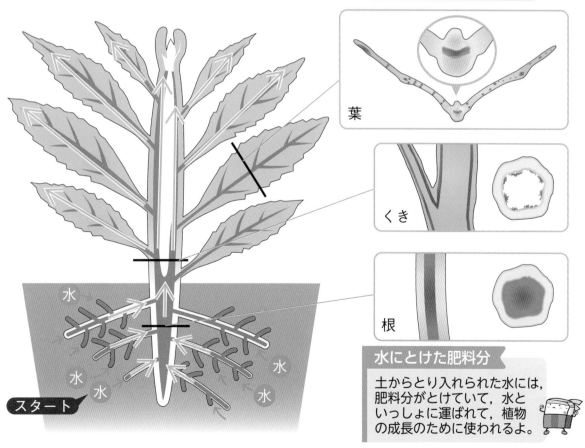

色水につけたときの断面

葉

くき

根

水にとけた肥料分
土からとり入れられた水には，肥料分がとけていて，水といっしょに運ばれて，植物の成長のために使われるよ。

スタート

1 図1のように，赤い色水にホウセンカをさして， 図1
しばらく置きました。次の問いに答えましょう。

(1) 図のホウセンカは，どのように用意しますか。

次の**ア～ウ**から選びましょう。　　（　　　　　）

ア　ほり上げた後，根に土がついたまま色水にさす。

イ　ほり上げた後，根についた土を水の中で洗い

　落としてから，色水にさす。

ウ　ほり上げた後，根についた土を洗い落として，

　よくかわかしてから，色水にさす。

(2) しばらくすると，水面の位置は初めの位置と比べてどのようになりますか。

次の**ア～ウ**から選びましょう。　　　　　　　　　（　　　　　）

ア　上がる。　　**イ**　下がる。　　**ウ**　変わらない。

(3) 図2は，図1の葉とくきを――の位置 図2
で切ったときの切り口のようすを表して
います。

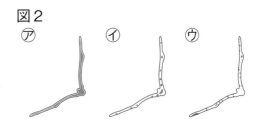

① 葉の切り口を，右の㋐～㋒から選び

ましょう。　　（　　　）

② くきを横と縦に切ったときの切り口

を，右の㋓～㋕，㋖～㋘からそれぞれ

選びましょう。　　横（　　　）

縦（　　　）

(4) 植物にとり入れられた水は，どのような順で通っていきますか。次の**ア～**

ウから選びましょう。　　　　　　　　　　　　　　（　　　　　）

ア　根→葉→くき　　**イ**　根→くき→葉　　**ウ**　葉→くき→根

🏷 **ヒント**　**1**(3)ホウセンカの根から吸い上げられた水は，決まった通り道を通って体のすみずみ
まで運ばれます。赤く染まるのは，水の通り道だけです。

35 植物から出ていく水

🔵 植物から出ていく水について，言葉や図をなぞりましょう。

植物の体の中の水のゆくえ

ふくろの内側についた水てきは，水蒸気が冷えて水になったものだよ。

ポリエチレンの
ふくろをかぶせて，
15分後のようす

葉がついたホウセンカ　　葉をとったホウセンカ

水てきがたくさんついた。　　水てきが少しだけついた。

→ 水は，おもに 葉 から出た。

　根からとり入れられた水が，おもに葉から 水蒸気（すいじょうき） となって出ていく

ことを 蒸散（じょうさん） という。

水の出ていくところ

　根から葉まで行きわたった水は，葉の表面にたくさんある 気孔（きこう） という小さい穴（あな）から，水蒸気となって出ていく。

チャレンジ！

気孔をぬりつぶそう。

葉の表面をけんび鏡で見たようす

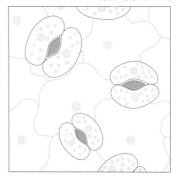

※気孔は葉の裏側に多く見られる。

蒸散の役割

蒸散には，次の３つの役割があるんだよ。
①根からの水のとり入れをさかんにする。
②植物の体の中の水分の量を調節する。
③植物の体温が上がりすぎないようにする。

1 **右の図のように，植物の体のどこから水が出ていくかについて調べました。次の問いに答えましょう。**

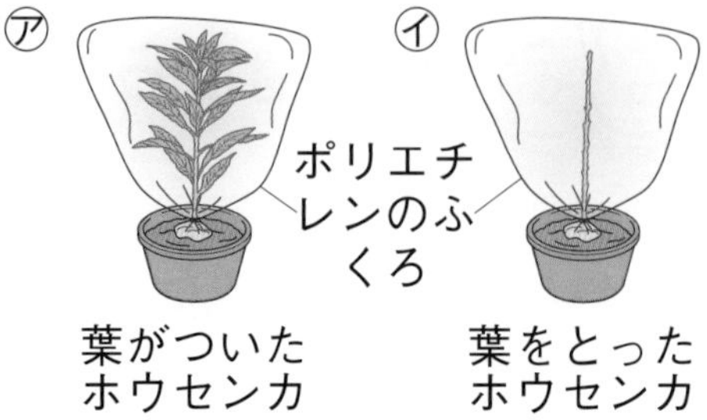

㋐
㋑
ポリエチレンのふくろ
葉がついたホウセンカ
葉をとったホウセンカ

(1) この実験は，晴れの日，くもりの日のどちらに行えばよいですか。

(　　　　　　　　)

(2) しばらく置いた後，ふくろの内側に水てきがたくさんついたのは図の㋐，㋑のどちらですか。(　　　)

(3) 調べた結果からわかることを，次の**ア～オ**から選びましょう。

(　　　)

ア 水は，葉だけから出ていく。　**イ** 水は，くきからだけ出ていく。

ウ 水の多くは，葉から出ていく。　**エ** 水の多くは，くきから出ていく。

オ 水は，葉とくきから同じくらいの量が出ていく。

2 **右の図は，ある植物の葉の表面をうすくはがして，けんび鏡で観察したようすを表しています。次の問いに答えましょう。**

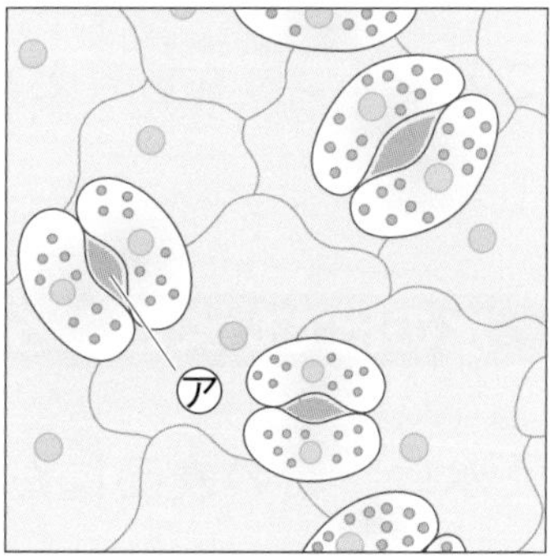

㋐

(1) ㋐のように，葉の表面に見られる穴(あな)を何といいますか。(　　　　　　　　)

(2) ㋐の穴が多く見られるのは，葉の裏側(うらがわ)，葉の表側のどちらですか。(　　　　　　　　)

(3) 次の文の(　　　)にあてはまる言葉を書きましょう。

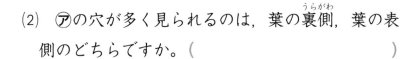

根からとり入れられた水は，根→くき→葉と続く水の通り道を通って，葉の表面にある㋐から①(　　　　　　　)となって出ていく。このように，植物の体の中から水が出ていくことを②(　　　　　　　)という。

ヒント **1**(3)㋑のふくろの内側にも，わずかながら水てきがつくことから考えましょう。

36 植物と空気

🔵 植物と空気について，言葉や数字，図の矢印をなぞりましょう。

日光が当たっているときの気体の出入り

気体検知管の使い方と目盛り
の読みとり方を思い出そう。

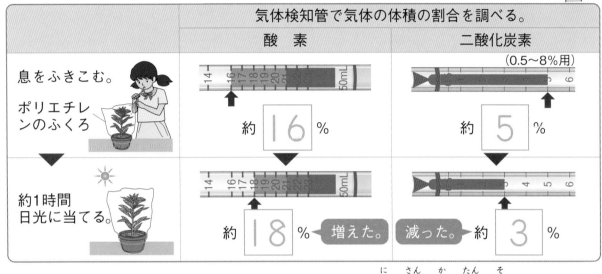

	気体検知管で気体の体積の割合を調べる。	
	酸　素	二酸化炭素
息をふきこむ。 ポリエチレンのふくろ	約 16 ％	（0.5〜8％用） 約 5 ％
約1時間 日光に当てる。	約 18 ％ 増えた。	減った。 約 3 ％

　植物は，日光 が当たっているときは，二酸化炭素 にさんかたんそ を

とり入れて，酸素 さんそ を出している。

見かけの気体の出入り

昼間は，呼吸のはたらきよりも二酸化炭素をとり入れて酸素を出すはたらきのほうが大きいから，全体として酸素を出しているように見えるんだね。

植物の呼吸

植物は，動物と同じように，

常に 呼吸 こきゅう をしている。

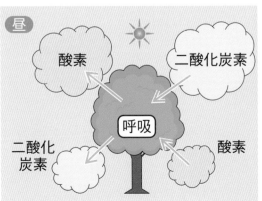

チャレンジ！

昼と夜の気体の出入りを表す矢印をなぞろう。

[1] 次の図のように，植物を出入りする気体について調べました。あとの問いに答えましょう。

同じものを2つ用意して，息をふきこむ。	1つは，1時間日光に当てる。	もう1つは，1時間箱をかぶせておく。	㋐，㋑の気体の体積の割合を気体検知管で調べる。

(1)　はじめにポリエチレンのふくろに息をふきこむのは何のためですか。

(　　　　　　　　　　　　　　　　　　　　　　　　)

(2)　右の表は，実験の結果をまとめたものです。次の**ア**～**エ**から正しいものをすべて選びましょう。

	㋐		㋑	
	酸素	二酸化炭素	酸素	二酸化炭素
はじめ	16%	5%	16%	5%
1時間後	18%	3%	15%	6%

(　　　　　　　　)

ア　日光が当たると，酸素(さんそ)が増(ふ)えて，二酸化炭素(にさんかたんそ)が減る。

イ　日光が当たると，二酸化炭素が増えて，酸素が減る。

ウ　日光が当たらないときは，酸素が増えて，二酸化炭素が減る。

エ　日光が当たらないときは，二酸化炭素が増えて，酸素が減る。

(3)　次の文の(　　　)にあてはまる言葉を書きましょう。

> ㋐の結果から，植物は日光が当たると，①(　　　　　　　　　　)をとり入れて②(　　　　　　　　　　)を出していることがわかる。

(4)　実験㋐，㋑で，植物はいつ呼吸(こきゅう)をしていますか。次の**ア**～**ウ**から選びましょう。

(　　　　)

ア　㋐のときだけ。　　**イ**　㋑のときだけ。　　**ウ**　㋐と㋑の両方で。

ヒント　[1] (1)はく息に多くふくまれている気体を考えましょう。
(2)1時間後のそれぞれの値が，はじめの値と比べて増えたか減ったかを考えましょう。

37 植物と日光

🔵 植物と日光のかかわりについて，言葉や図をなぞりましょう。

日光と葉のでんぷん

チャレンジ！

結果の㋐〜㋒のうち，色が変わった葉をぬりつぶそう。

ヨウ素液は，でんぷんがあると，青むらさき色に変化するんだったね。

実験

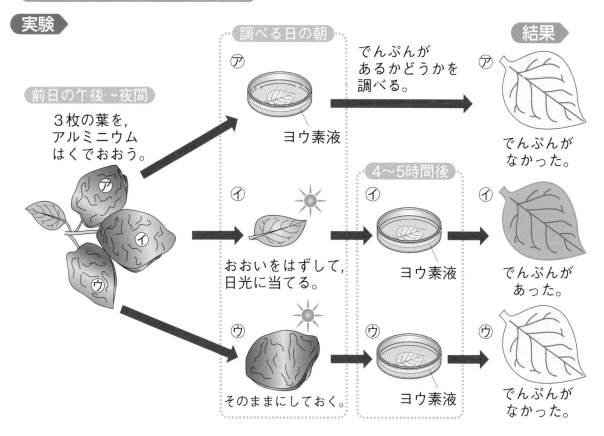

調べる日の朝

㋐

ヨウ素液

前日の午後・夜間

3枚の葉を，アルミニウムはくでおおう。

でんぷんがあるかどうかを調べる。

結果

㋐

でんぷんがなかった。

㋑

おおいをはずして，日光に当てる。

4〜5時間後

㋑

ヨウ素液

㋑

でんぷんがあった。

㋒

そのままにしておく。

㋒

ヨウ素液

㋒

でんぷんがなかった。

植物の葉に　日光　が当たると，　でんぷん　ができる。

植物は，成長や生きるために必要な

養分　を自分でつくっている。

光合成

日光が当たっているとき，植物がでんぷんをつくるはたらきを光合成というよ。

[1] 次の図のように，植物と日光のかかわりについて調べました。あとの問いに答えましょう。

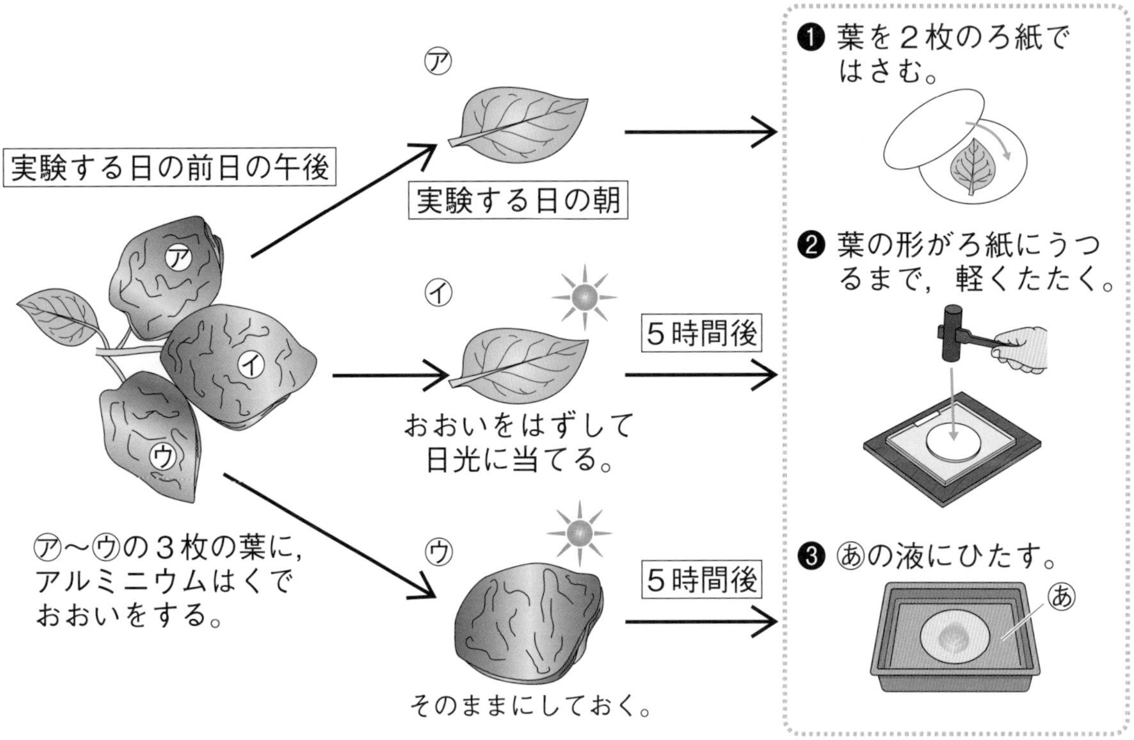

実験する日の前日の午後
㋐
実験する日の朝
㋑
5時間後
おおいをはずして
日光に当てる。
㋐～㋒の３枚の葉に，
アルミニウムはくで
おおいをする。
㋒
5時間後
そのままにしておく。
❶ 葉を２枚のろ紙ではさむ。
❷ 葉の形がろ紙にうつるまで，軽くたたく。
❸ Ⓐの液にひたす。

(1) 次の①，②の操作（そうさ）の理由を，次の**ア～エ**から選びましょう。

① 葉をアルミニウムはくでおおう理由。（　　）

② 実験する日の朝に，でんぷんがあるかどうか調べる理由。（　　）

ア 日光が当たる前の葉に，でんぷんがあることを確（たし）かめるため。

イ 日光が当たる前の葉に，でんぷんがないことを確かめるため。

ウ 葉から水分が出ていかないようにするため。

エ 葉に日光が当たらないようにするため。

(2) 図の[あ]の液（えき）を何といいますか。また，でんぷんがあると，[あ]の液は何色に変化しますか。

[あ]の液（　　　　　）

色（　　　　　）

(3) [あ]の液に葉をひたしたとき，色が変化するものを，㋐～㋒から選びましょう。（　　）

(4) 結果からわかることを，「日光」「葉」という言葉を使って答えましょう。

（　　　　　　　　　　）

ヒント [1](1)葉のでんぷんは，夜のうちに使われたり，水にとけやすいものに変えられ，ほかの部分へ移動します。実験をする前に，葉にでんぷんがないことを確かめます。

38 水中の小さな生物

●水中の小さな生物の観察について，言葉をなぞりましょう。

プレパラートのつくり方

池や川からとってきた水で，動いているものをスポイトで吸いとってのせる。

あわが入らないように，ピンセットではしから静かにかぶせる。

プレパラート

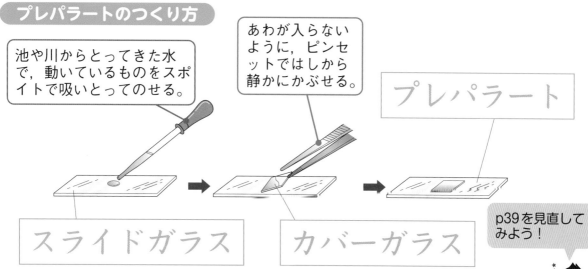

スライドガラス

カバーガラス

p39を見直してみよう！

① 対物レンズをいちばん低い倍率のものにし，反射鏡を動かして明るく見えるようにする。
② ステージにプレパラート（スライドガラス）を置いてクリップでとめる。
③ 横から見ながら調節ねじを回して，対物レンズとプレパラートを近づける。
④ 調節ねじを回し，対物レンズとプレパラートを遠ざけながらピントを合わせる。

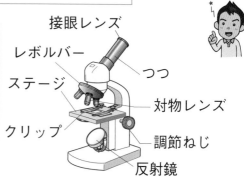

接眼レンズ
レボルバー
ステージ
クリップ
つつ
対物レンズ
調節ねじ
反射鏡

水中の小さな生物

池などにすんでいる小さな生物は，メダカなどの食べ物になっているんだ。

ミジンコ

ゾウリムシ

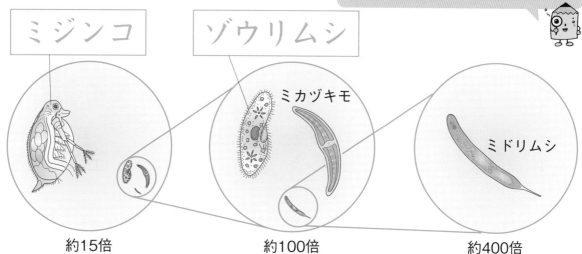

ミカヅキモ

ミドリムシ

約15倍　　　　　約100倍　　　　　約400倍

1 図1のけんび鏡を使って，池の中の小さな生物を観察しました。次の問いに答えましょう。

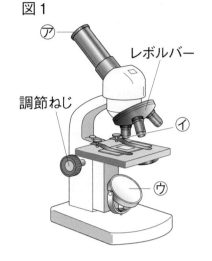

図1

レボルバー

調節ねじ

(1) 図1の㋐〜㋒を何といいますか。

㋐（　　　　　　　　　　）

㋑（　　　　　　　　　　）

㋒（　　　　　　　　　　）

(2) 次の**ア〜エ**を，けんび鏡の正しい使い方の順に並べましょう。

（　　　→　　　→　　　→　　　）

ア プレパラートをステージの上に置く。

イ ㋐のレンズをのぞきながら調節ねじを回し，㋑のレンズとプレパラートの間を少しずつ広げてピントを合わせる。

ウ ㋐のレンズをのぞきながら，㋒を動かして明るく見えるようにする。

エ 横から見ながら，調節ねじを回して，㋑のレンズとプレパラートをできるだけ近づける。

(3) 図2は，観察した小さな生物と，観察したときのけんび鏡の倍率を示しています。㋐〜㋓の名前をあとの**ア〜エ**からそれぞれ選びましょう。

㋐（　　　　）　㋑（　　　　）　㋒（　　　　）　㋓（　　　　）

図2

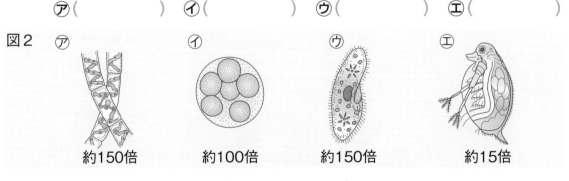

㋐	㋑	㋒	㋓
約150倍	約100倍	約150倍	約15倍

ア ボルボックス　　**イ** ミジンコ　　**ウ** ゾウリムシ　　**エ** アオミドロ

(4) 実際の大きさが最も大きいものを，図2の㋐〜㋓から選びましょう。

（　　　　　　　）

ヒント **1**(2)対物レンズとプレパラートがぶつかってこわれてしまわないように，横から見ながらできるだけ近づけておきます。ピントは遠ざけながら合わせます。

39 食べ物を通した生物どうしの関係

●食べ物を通した生物どうしの関係について，言葉や図の矢印をなぞりましょう。

「食べる・食べられる」の関係　生物どうしの「食べる・食べられる」の関係のひとつながりを， 食物連鎖 という。生物の食べ物のもとをたどると，自分で 養分 をつくり出す 植物 にたどり着く。

チャレンジ！
「食べる・食べられる」の
関係を矢印でなぞろう。

食物連鎖は，陸上や水中，土中
のあらゆる場所で見られるよ。

陸上の食物連鎖の例

植物　　　　　　　　　　　動物　　植物やほかの動物を食べて，
　　　　　　　　　　　　　　　　　養分をとり入れている。

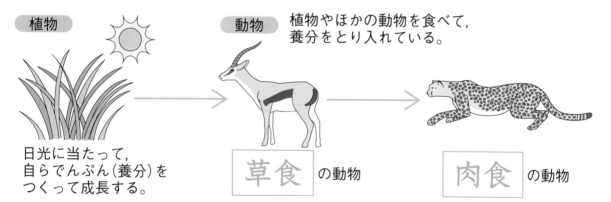

日光に当たって，
自らでんぷん(養分)を
つくって成長する。　　　　　草食 の動物　　　　　肉食 の動物

水中の食物連鎖の例

ミカヅキモ　　イカダモ　　　　　　メダカ

　　　　　　　　　　　　　　　　　　　　　　　ザリガニ

ミジンコ

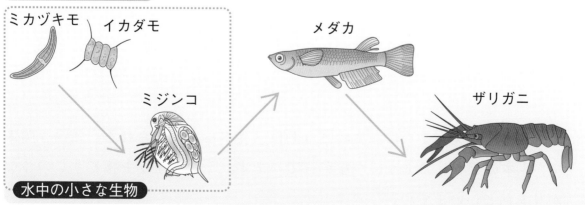

水中の小さな生物

[1] 食べ物を通した生物どうしのつながりについて，次の問いに答えましょう。

(1) 成長のための養分を自分でつくっているのは，植物と動物のどちらですか。

(　　　　　　　　)

(2) ほかの生物を食べて養分をとり入れているのは，植物と動物のどちらですか。

(　　　　　　　　)

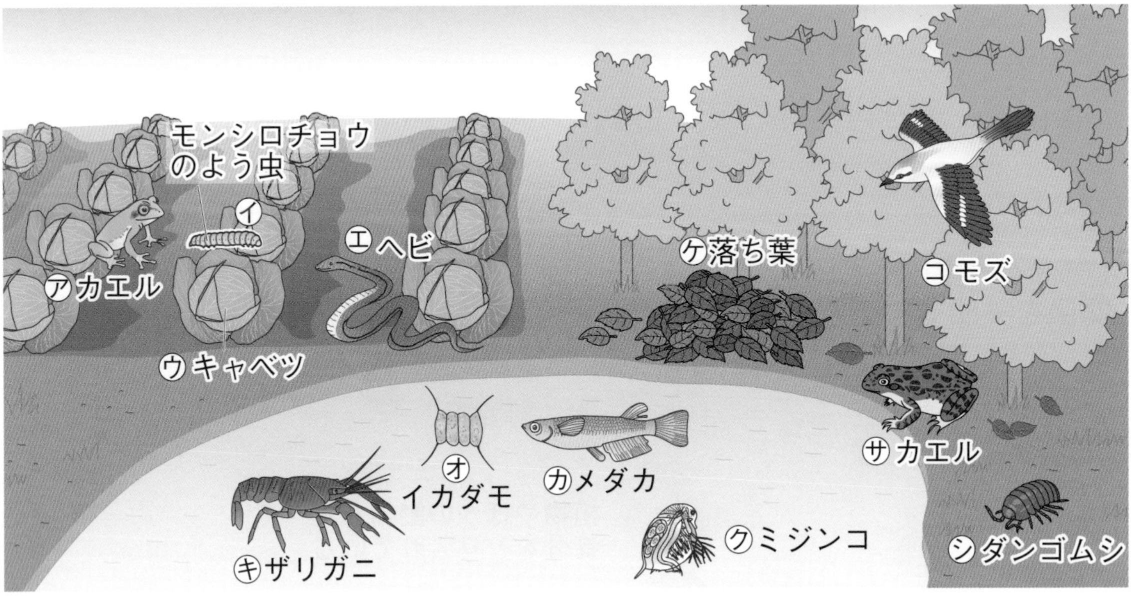

(3) 上の図は，自然の中での生物どうしのつながりを表しています。㋐～㋓を，食べられる生物から食べる生物の順に並べましょう。

(　　→　　→　　→　　)

(4) ㋔～㋗を，食べられる生物から食べる生物の順に並べましょう。

(　　→　　→　　→　　)

(5) ㋘～㋛を，食べられる生物から食べる生物の順に並べましょう。

(　　→　　→　　→　　)

(6) (3)～(5)で答えたように，生物どうしは「食べる・食べられる」という関係で，１本のくさりのようにつながっています。このような生物どうしのつながりを何といいますか。

(　　　　　　　　)

ヒント [1](5)ダンゴムシは，落ち葉などを食べて養分をとり入れています。土の中では，落ち葉などの生物の死がいが「食べる・食べられる」の関係の出発点になっています。

40 空気や水を通した生物どうしの関係

月 日
⏰ かかった時間
分

● 空気や水を通した生物どうしの関係について，言葉や図の矢印をなぞりましょう。

空気と生物　生物は，| 空気 |を通してつながっている。| 酸素 |や

| 二酸化炭素 |は，植物と動物の体を出たり入ったりしている。

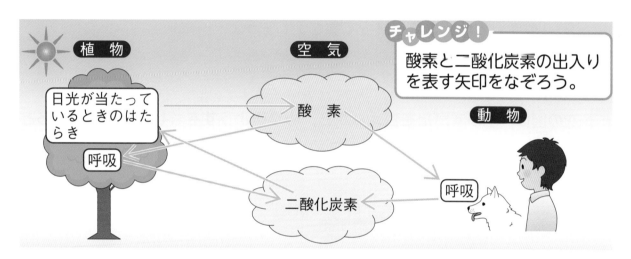

チャレンジ！
酸素と二酸化炭素の出入り
を表す矢印をなぞろう。

植物
空気
日光が当たって
いるときのはた
らき
呼吸
酸素
動物
二酸化炭素
呼吸

水と生物　| 水 |も，植物と動物の体を出たり入ったりしている。

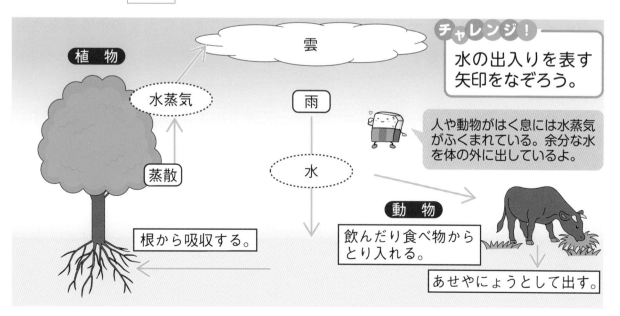

チャレンジ！
水の出入りを表す
矢印をなぞろう。

人や動物がはく息には水蒸気
がふくまれている。余分な水
を体の外に出しているよ。

植物
雲
水蒸気
雨
蒸散
水
動物
根から吸収する。
飲んだり食べ物から
とり入れる。
あせやにょうとして出す。

79

[1] 右の図は，空気を通した生物どうしのつながりを表したものです。次の問いに答えましょう。

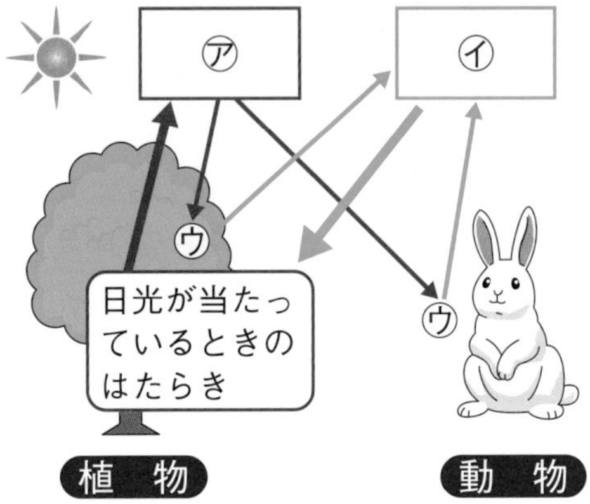

(1) 酸素は㋐，㋑のどちらですか。

(　　　　　)

(2) 植物も動物も行っている㋒のはたらきを何といいますか。 (　　　　　)

(3) 地球上から植物がなくなると，動物は生きることができません。その理由を，「酸素」という言葉を使って書きましょう。

(　　　　　　　　　　　　　　　　　　　　)

[2] 次の図は，水がすがたを変えながら，めぐるようすを表したものです。あとの問いに答えましょう。

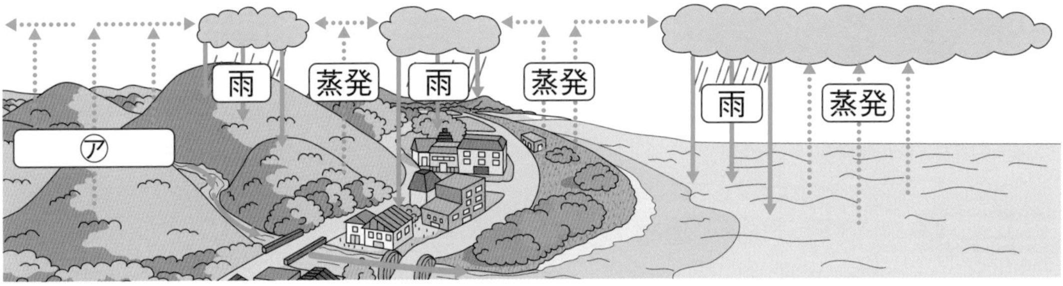

(1) 水は海や陸地から大量に蒸発（じょうはつ）しています。このように大量の水を蒸発させるエネルギーを出しているのは何ですか。 (　　　　　)

(2) ㋐は，植物の体から水が水蒸気となって出ていくようすを表しています。おもに植物の葉で行われている㋐のはたらきを何といいますか。

(　　　　　)

(3) 人やほかの動物は，余分（よぶん）な水を体の外にどのように出していますか。2つ書きましょう。 (　　　　　)

(　　　　　)

ヒント [2](3)余分な水は，じん臓で不要なものといっしょにこし出されます。また，呼吸のときのはく息や，皮ふからも水は出ています。

41 月と太陽の表面のようす

🌑 月と太陽の表面のようすについて，言葉をなぞりましょう。

月の表面のようす　月の表面は，│ 岩や砂 │ などでおおわれていて，

│ クレーター │ とよばれる円形のくぼみが，たくさん見られる。

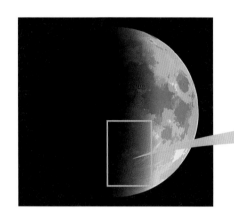

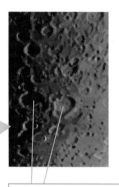

クレーターは，石や岩がぶつかってできたと考えられているよ。

│ クレーター │

月の光り方と太陽　月も太陽も，│ 球形 │ をしている。月は太陽の光を

│ 反射 │ して光っているように見える。

月

自らは光を出さない。

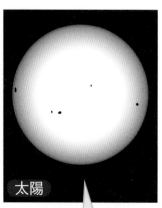

太陽

強い光と熱を放っている。

太陽をつくるガス

太陽は，おもに水素とヘリウムという気体からできているんだ。表面温度は約6000℃で，大量の光や熱のエネルギーを放っているよ。

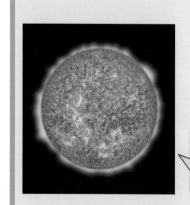

紫外線でさつえいした太陽

[1] 次の図は，月と太陽のようすを表したものです。あとの問いに答えましょう。

㋐

㋑

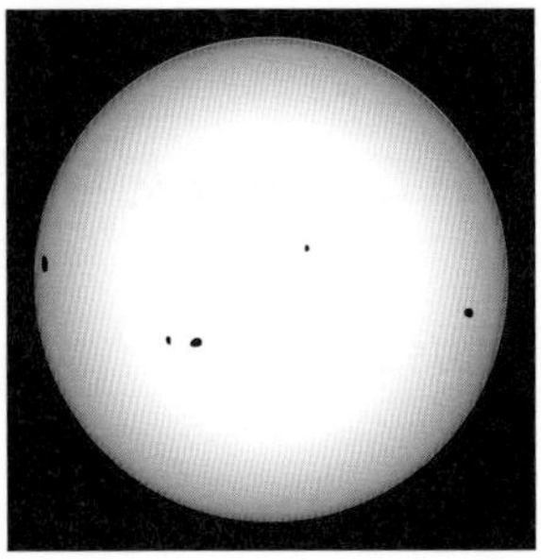

㋒

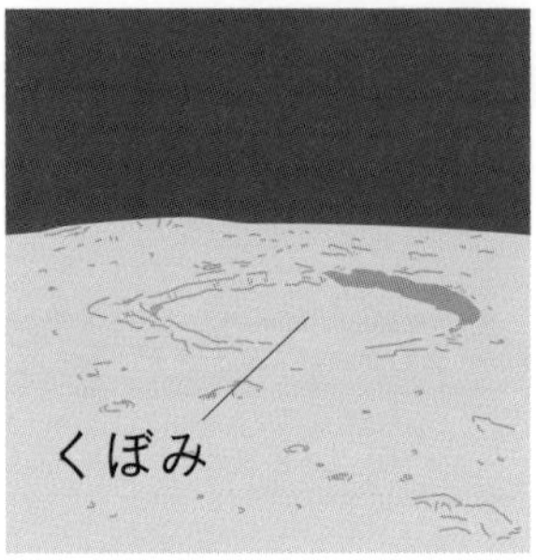

(1)　月の表面を観察するときに使うものを，次の**ア**～**エ**から２つ選びましょう。

（　　　　　　　　　　）

ア　そう眼(がん)鏡　　**イ**　けんび鏡　　**ウ**　望遠鏡　　**エ**　虫めがね

(2)　月のようすを表したものは，㋐，㋑のどちらですか。　（　　　　　）

(3)　月と太陽の表面は，何でできていますか。次の**ア**～**ウ**からそれぞれ選びましょう。　月（　　　　）　太陽（　　　　）

ア　水　　**イ**　岩や砂(すな)　　**ウ**　高温のガス

(4)　月の表面に見られる㋒のようなくぼみを何といいますか。

（　　　　　　　　　　）

(5)　㋒のくぼみは，どのようにしてできたと考えられていますか。

（　　　　　　　　　　　　　　　　　　　　　　）

(6)　月と太陽はどのようにして光っていますか。次の**ア**～**ウ**からそれぞれ選びましょう。　月（　　　　）　太陽（　　　　）

ア　自ら光を放っている。

イ　地球の光を反射(はんしゃ)して光っている。

ウ　太陽の光を反射して光っている。

ヒント　[1](6)月も太陽も球形をしていますが，月は観察する日によって，光っている部分と暗い部分が見られます。

月の見え方

月 日

かかった時間

分

●月の見え方について，言葉や図の月の形をなぞりましょう。

月の見え方の変化 月と 太陽 の 位置関係 が変わるため，

月の形と見える位置は，日によって変わっていく。

日ぼつ直後に見える月のようす

9/19	9/23	9/27
←東　南　西→	←東　南　西→	←東　南　西→

チャレンジ！
月の形を
なぞろう。

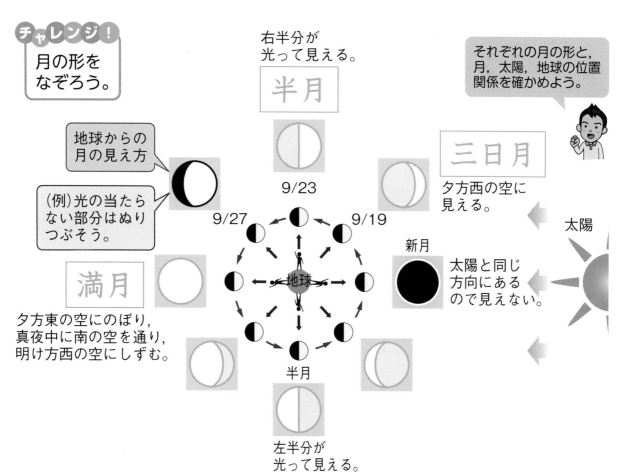

右半分が
光って見える。

半月

それぞれの月の形と，
月，太陽，地球の位置
関係を確かめよう。

三日月

夕方西の空に
見える。

地球からの
月の見え方

9/23

(例)光の当たら
ない部分はぬり
つぶそう。

9/27　　　9/19

新月

太陽と同じ
方向にある
ので見えない。

太陽

満月

地球

夕方東の空にのぼり，
真夜中に南の空を通り，
明け方西の空にしずむ。

半月

左半分が
光って見える。

83

1 図1，2は，同じ時刻の月を4日おきに観察したものです。次の問いに答えましょう。

(1) 図１の月は，このあ
と，ア～エのどの方向
へ動きますか。

（　　　　　）

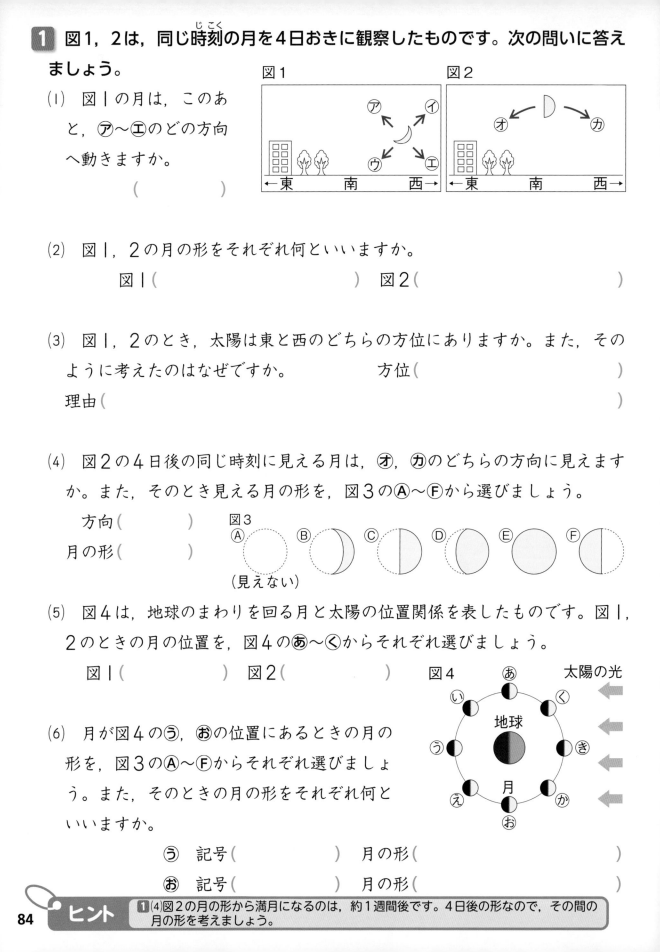

図1

図2

←東　　南　　西→

←東　　南　　西→

(2) 図１，2の月の形をそれぞれ何といいますか。

図１（　　　　　　　　　　　　　）　図2（　　　　　　　　　　　　　　　　）

(3) 図１，2のとき，太陽は東と西のどちらの方位にありますか。また，そのように考えたのはなぜですか。　　　　　方位（　　　　　　　　　　　）

理由（　　　　　　　　　　　　　　　　　　　　　　　）

(4) 図2の4日後の同じ時刻に見える月は，オ，カのどちらの方向に見えますか。また，そのとき見える月の形を，図3のⒶ～Ⓕから選びましょう。

方向（　　　　）

月の形（　　　　）

図3

Ⓐ　　　　Ⓑ　　　　Ⓒ　　　　Ⓓ　　　　Ⓔ　　　　Ⓕ

（見えない）

(5) 図4は，地球のまわりを回る月と太陽の位置関係を表したものです。図１，2のときの月の位置を，図4のあ～くからそれぞれ選びましょう。

図１（　　　　　）　図2（　　　　　　）

図4　　　　あ　　　太陽の光

い　　　　く

地球

う　　　　き

え　　　か

月

お

(6) 月が図4のう，おの位置にあるときの月の形を，図3のⒶ～Ⓕからそれぞれ選びましょう。また，そのときの月の形をそれぞれ何といいますか。

う　記号（　　　　）　月の形（　　　　　　　　　　）

お　記号（　　　　）　月の形（　　　　　　　　　　）

ヒント　１(4)図2の月の形から満月になるのは，約1週間後です。4日後の形なので，その間の月の形を考えましょう。

43 地層の観察

🔵 地層の観察について，言葉をなぞりましょう。

地層のつくり　がけなどで見られる，色，形，大きさのちがうつぶがしま模様の層になって重なったものを 地層 という。

地層をつくっているもの　地層には，おもに れき ，砂， どろ

でできたものと，おもに 火山灰 でできたものがある。れき，砂，どろは，

つぶの 大きさ で区別する。

> 地層は，横にもおくにも，つながって広がっているよ。

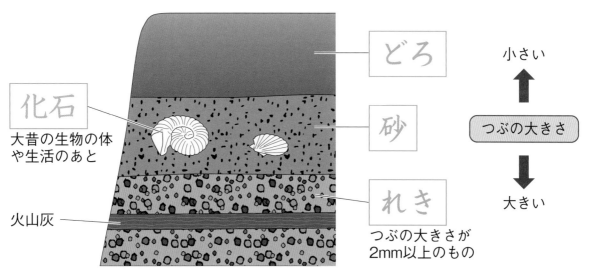

化石
大昔の生物の体や生活のあと

火山灰

どろ

砂

れき
つぶの大きさが2mm以上のもの

小さい
↑
つぶの大きさ
↓
大きい

ボーリング調査

機械などで土や岩石をほり取って，地下のようすを調べることをボーリング調査といい，ほり取ったものをボーリング試料という。

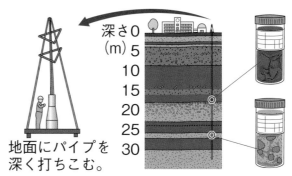

地面にパイプを深く打ちこむ。

85

1 図1は校庭のそばの道路ぞいのがけのようすを，図2は校庭のA～Cの3地点の地下のようすを表したものです。次の問いに答えましょう。

(1) 図1のように，いくつもの層がしま模様になって積み重なったものを何といいますか。

( )

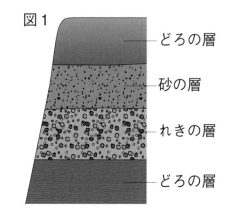

図1

どろの層
砂の層
れきの層
どろの層

(2) がけがしま模様に見える理由について，次の文の（ ）にあてはまる言葉を，下の ▨ から選びましょう。

> ふくまれているつぶの（　　　　　　　）や（　　　　　　　　）
> が層によってちがうから。

かたさ　　色　　大きさ　　重さ

(3) れき，どろ，砂を，つぶの小さい順に並べましょう。

(→ →)

(4) 図1のような層を観察しているときに見つかることがある，大昔の生物の体や生活のあとを何といいますか。 ( )

(5) 機械などで土や岩石をほり取って，図2のように地下のようすを調べることを何といいますか。

( )

(6) 図2のC地点の㋐は，何の層だと考えられますか。

( )

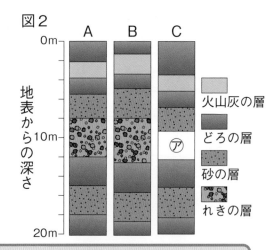

図2

A　B　C

0m

地表からの深さ

10m

20m

火山灰の層
どろの層
砂の層
れきの層

ヒント **1**(6)しま模様の層は，横にもおくにも同じように広がっています。

44 水のはたらきによる地層

月　日
かかった時間
分

● 水のはたらきによる地層（ちそう）のでき方について，言葉をなぞりましょう。

れき，砂，どろの積もり方　土と水をよくふり混ぜ（ま），しばらく置くと，つぶの大きいものほど速くしずみ，下から順に，れき，砂（すな），どろに分かれてたい積する。

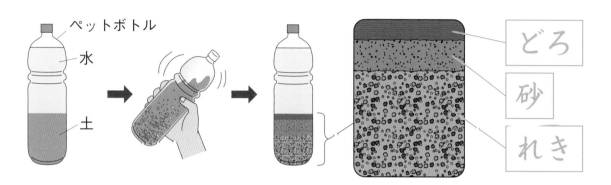

ペットボトル
水
土

どろ
砂
れき

水のはたらきでできる地層の岩石

しん食
❶ かたい岩石が水のはたらきによってけずられる。

運ぱん
❷ けずられてできたれきや砂が下流へと運ばれる。

たい積
❸ 運ばれてきたれき，砂，どろが，平野や海底に積もる。

❹ たい積したれき，砂，どろは，長い年月の間に固まり，岩石になる。

❶→❷→❸が何度も起きて，何層もの地層ができるんだったね。

れき岩
さ がん
砂岩
でい岩

主にれきが固まっている。

砂が固まっている。

どろなどの細かいつぶが固まっている。

87

1 図1の装置を使って，砂とどろを混ぜた土を水そうに流しこみました。図2は，流しこんだ後の水そうのようすです。あとの問いに答えましょう。

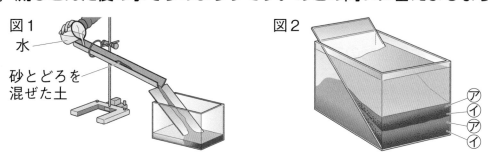

図1
水
砂とどろを
混ぜた土

図2
ア
イ
ア
イ

(1) この実験では，何回に分けて土を流しこみましたか。(　　　　　　　)

(2) 図2のⒶ，Ⓑのうち，どろの層はどちらですか。　　　(　　　　　　　)

(3) 図2からわかることについて(　　　)にあてはまる言葉を書きましょう。

> 水のはたらきによって①(　　　　　　　　　)された砂とどろは，つぶの
> ②(　　　　　　　　)が大きいものから順に層に分かれて水の底に
> ③(　　　　　　　)する。地層は，これが何度もくり返されてできる。

2 次の図は，地層の中に見られる岩石を表しています。あとの問いに答えましょう。

Ⓐどろなどの細かい
つぶが固まっている。

Ⓑ砂が固まっている。

Ⓒ主にれきが
固まっている。

(1) Ⓐ～Ⓒの岩石をそれぞれ何といいますか。

Ⓐ(　　　　　　)　Ⓑ(　　　　　　　)　Ⓒ(　　　　　　)

(2) Ⓒの岩石にふくまれるれきのようすについて，「角」という言葉を使って説明しましょう。

(　　　　　　　　　　　　　　　　　　　　　　　　　　　　　　)

ヒント
1 (2)つぶの大きいもののほうが，先にしずみます。
2 (2)れきは，流れる水によって運ぱんされる間に，角がとれていきます。

45 火山と地層

月　日
⏰ かかった時間

分

●火山のはたらきによってできる地層について，言葉をなぞりましょう。

火山灰の観察　火山灰のつぶは，角ばったものが多く，とうめいなガラスのようなものや色のついたものが見られる。

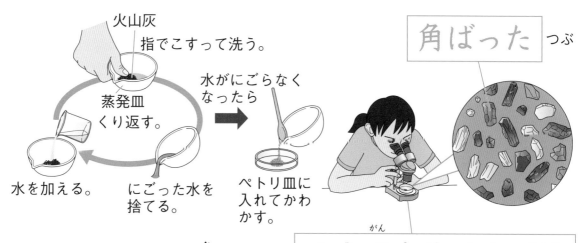

火山灰
指でこすって洗う。

蒸発皿
くり返す。

水を加える。

にごった水を
捨てる。

水がにごらなく
なったら

ペトリ皿に
入れてかわ
かす。

角ばった つぶ

そう眼実体けんび鏡

水のはたらきでできた地層
のつぶの角は丸かったね。

解ぼうけんび鏡で観察してもよい。

火山のはたらきによる地層　地層には，火山が噴火したときに，火口からふ

き出た　火山灰　や穴の多いれきが降り積もってできたものや，流れ出

た　よう岩　が固まってできたものがある。

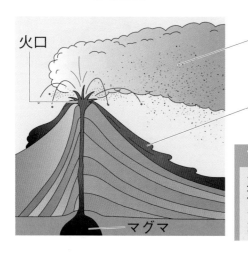

火口

マグマ

火山灰

よう岩

マグマ

火山の地下には，高温のために岩
石がどろどろにとけたマグマがあ
るよ。よう岩は，それが流れ出し
たものだよ。

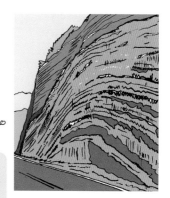

火山灰が積み重
なった地層

1 ある地層から，火山灰を採取して観察しました。次の問いに答えましょう。

(1)　次の**ア**～**エ**を，採取した火山灰のつぶを観察する順に並べましょう。

（　　　　→　　　　→　　　　→　　　　）

ア　つぶをかわかして，観察する。

イ　火山灰を蒸発皿に入れて，水を加える。

ウ　指でこすってつぶを洗い，にごった水を捨てる。

エ　水がにごらなくなったら水を捨てて，ペトリ皿に入れる。

(2)　火山灰のつぶは何を使って観察しますか。（　　　　）

(3)　(2)で観察した火山灰のつぶのようすを表しているのは，㋐，㋑のどちらですか。また，その理由について，あとの文の（　　）にあてはまる言葉を，下の［　　］から選びましょう。

㋐
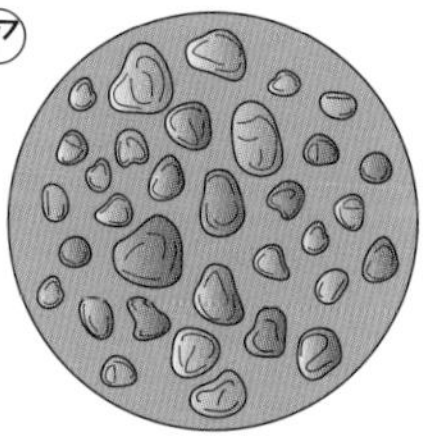

㋑
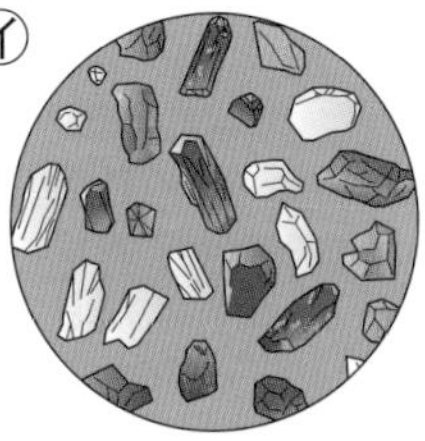

記号（　　　　）

> 火山灰は，①（　　　　）形のつぶが多く，とうめいなガラスのようなものがあり，色や大きさが②（　　　　）から。

［ 丸い　　角ばった　　そろっていない　　そろっている ］

2 右の図は，火山の噴火のようすを表しています。次の問いに答えましょう。

(1)　火山が噴火したときに出される㋐，㋑を何といいますか。

㋐（　　　　）

㋑（　　　　）

(2)　次の①，②は，おもに㋐，㋑のどちらによって起こりますか。

①（　　　　）　②（　　　　）

①　もとの山の形が変化したり，新しい山ができる。

②　広いはん囲に積もるので，はなれた土地に同じ層ができることがある。

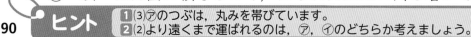

ヒント
1 (3)㋐のつぶは，丸みを帯びています。
2 (2)より遠くまで運ばれるのは，㋐，㋑のどちらか考えましょう。

46 大地の変化と災害

月　日
⏰ かかった時間

分

● 大地の変化と災害について，言葉をなぞりましょう。

地震による大地の変化と災害　　地下で大きな力がはたらき，大地がずれて

断層 が生じたとき， 地震 が起きて，土地が盛り上がったりしずん

だり，土砂がくずれたりして，大地のようすが変化する。地震が海底で起きると，

津波 が発生し，大きな被害をもたらすことがある。

断層

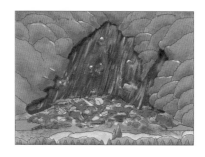

土砂くずれ

地割れ

火山活動による大地の変化と災害　　火山が噴火すると，火山灰が降り積もり，
よう岩が流れ出る。それらによって，大地のようすが変化することがある。

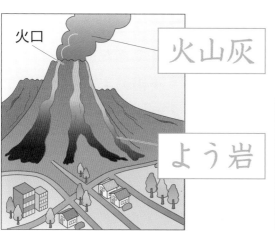

火口

火山灰

よう岩

火口から飛んできた
岩や，火山灰にうも
れた道路や住居。

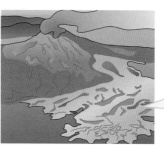

流れ出たよう岩によ
ってできた新しい陸
地。

1 地震と大地の変化について，次の問いに答えましょう。

(1) 右の図は，大地にずれが生じたようす
を表しています。このようなずれを何と
いいますか。

(　　　　　　　　　)

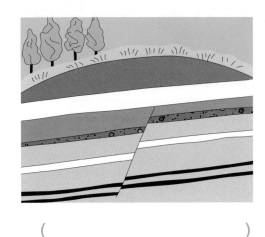

(2) 海底で地震が起きると，大きな波が発
生して，海岸地域におし寄せることがあ
ります。この波を何といいますか。

(　　　　　　　　　)

(3) 地震による大地の変化について，次の**ア〜オ**から正しいものをすべて選び
ましょう。　　　　　　　　　　　　　　　 (　　　　　　　　　)

ア 土地が盛り上がって，海だった場所が陸になることがある。

イ 大雨が降り，こう水が起こることがある。

ウ 山のしゃ面がくずれて，地形が変わることがある。

エ 過去に地震が起きた場所は，今後地震による大地の変化は起きない。

オ 地震による大地の変化は，同じ場所で何度も起きることがある。

2 次の文の(　)にあてはまる言葉を，あとの ▨ から選びましょう。

　火山が噴火すると，火口から流れ出た①(　　　　　　　　)やふ
き出した②(　　　　　　　　)に建物や道路がうもれて，大きな
災害になることがある。その反面，川がせき止められてできた
③(　　　　　　　　)が観光地になったり，火山のまわりに
④(　　　　　　　　)がわき出たり，地下の熱が
⑤(　　　　　　　　)に利用されたりするなど，火山の活動は，
わたしたちの生活に，多くのめぐみももたらしている。

地熱発電	温泉	火山灰	よう岩	湖

ヒント 　**1**(3)地震は同じ場所で何度も起きる可能性があります。

47 しあげのテスト①

月　日

点　●目標 15 分

1 次の図のようにして，インゲンマメの種子をまきました。あとの問いに答え
ましょう。　【7点×3】

㋐

水でしめらせ
ただっし綿
温度は約20℃

㋑

かわいた
だっし綿
温度は約20℃

㋒

種子を水の中
にしずめる。
温度は約20℃

（1）　発芽するものを，㋐～㋒から選びましょう。　（　　　　　　）

（2）　㋐と㋑の結果を比べると，種子が発芽するためには何が必要だとわかります
か。　（　　　　　　）

（3）　㋐と㋒の結果を比べると，種子が発芽するためには何が必要だとわかります
か。　（　　　　　　）

2 右の図は，アサガオの花のつくりを表しています。
次の問いに答えましょう。　【7点×4】

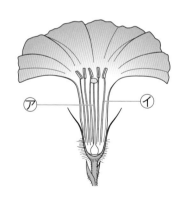

（1）　㋐，㋑をそれぞれ何といいますか。

㋐（　　　　　　）

㋑（　　　　　　）

（2）　㋐の先に花粉がつくことを何といいますか。

（　　　　　　）

（3）　花粉はどこから出てきますか。つくりの名前を書きましょう。

（　　　　　　）

ヒント　**1** ㋒は水にしずんでいるので空気にふれていません。
2 花粉は㋑から出て㋐の先につきます。

3 右の図は，けんび鏡を表しています。次の問いに答えましょう。 【7点×3】

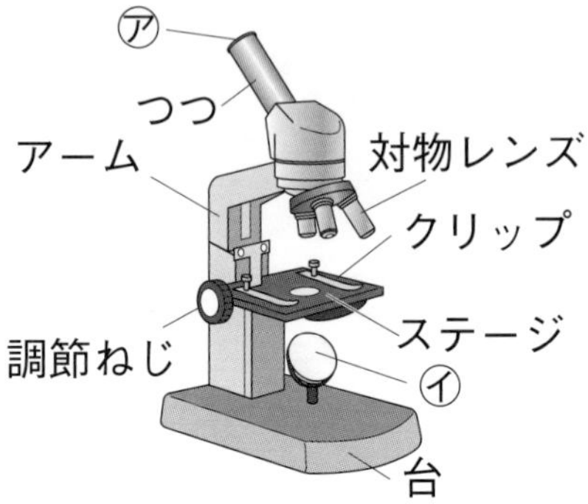

(1) [ア]，[イ]の部分をそれぞれ何といいますか。

[ア]（　　　　　　　　　）

[イ]（　　　　　　　　　）

(2) [ア]の倍率（ばいりつ）が10倍，対物レンズの倍率が15倍のとき，けんび鏡の倍率は何倍ですか。

（　　　　　　　　　）

4 右の図のように，土の山に水を流しました。[ア]はかたむきの大きいところ，[イ]はかたむきの小さいところです。次の問いに答えましょう。 【6点×5】

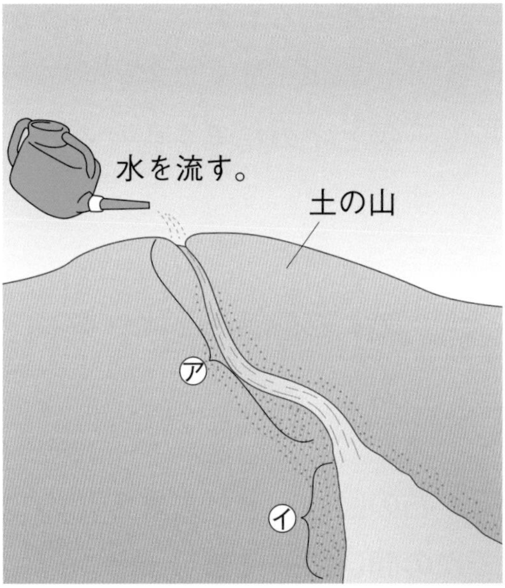

(1) 水の流れが速いのは，[ア]，[イ]のどちらですか。 （　　　）

(2) 流れる水が土などをけずるはたらきを何といいますか。

（　　　　　　　　　）

(3) 土がたくさん積もっているのは，[ア]，[イ]のどちらですか。 （　　　）

(4) 流れる水が土などを積もらせるはたらきを何といいますか。

（　　　　　　　　　）

(5) 流れる水が土などを運ぶはたらきを何といいますか。

（　　　　　　　　　）

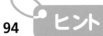

ヒント
3 [イ]を動かすと，明るさを調節することができます。
4 (3)水の流れがゆるやかなところでは，運ばれてきた土などが積もりやすくなります。

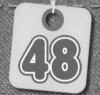

48 しあげのテスト②

点　　月　日　目標(もくひょう) 15分

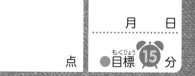

1 右の図は，人の臓器(ぞうき)を表しています。次の①～④のはたらきをしている臓器を㋐～㋕から選びましょう。また，その臓器を何といいますか。【4点×8】

① 消化(しょうか)された養分を吸収(きゅうしゅう)する。

記号(　　　)　名前(　　　　　　　)

② 空気中の酸素(さんそ)の一部を血液(けつえき)にとり入れ，二酸化(にさんか)炭素(たんそ)を血液から出す。

記号(　　　)　名前(　　　　　　　)

③ 吸収された養分の一部をたくわえる。

記号(　　　)　名前(　　　　　　　)

④ 血液を全身に送り出す。

記号(　　　)　名前(　　　　　　　)

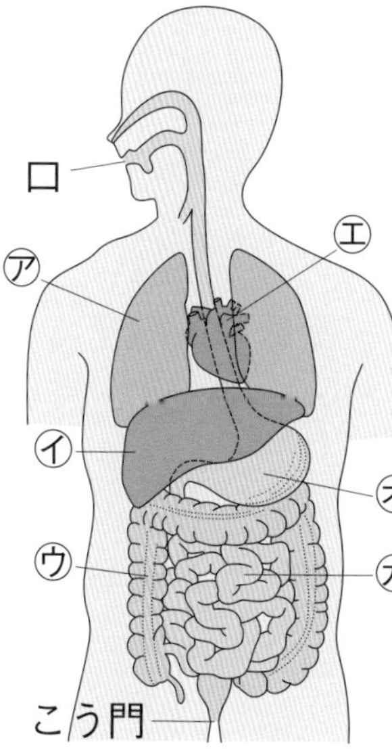
口
㋐
㋓
㋑
㋔
㋒
㋕
こう門

2 食べ物と空気を通した生物のつながりについて，あとの問いに答えましょう。【5点×4】

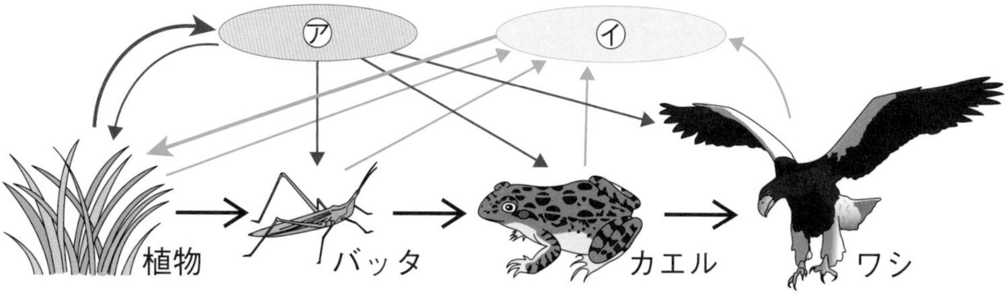
㋐
㋑
植物
バッタ
カエル
ワシ

(1) 上の図の ⟶ で示(しめ)されている，生物どうしの「食べる・食べられる」の関係のつながりを何といいますか。(　　　　　　)

(2) 上の図で，生物の体を出たり入ったりしている気体㋐，㋑は何ですか。

㋐(　　　　　　)　㋑(　　　　　　)

(3) 食べ物と空気のほかに，すべての生物にとって生きていくために必要なものは何ですか。(　　　　　　)

ヒント
1 ③吸収された養分が，血液によって最初に運ばれる臓器です。
2 (2)㋐はすべての生物がとり入れ，㋑はすべての生物が出しています。

[3] 月の位置と見え方の変化について，次の問いに答えましょう。【(3)8点，5点×4】

(1) 地球から満月が見えるのは，㋐〜㋗のどの位置に月があるときですか。

(　　　　)

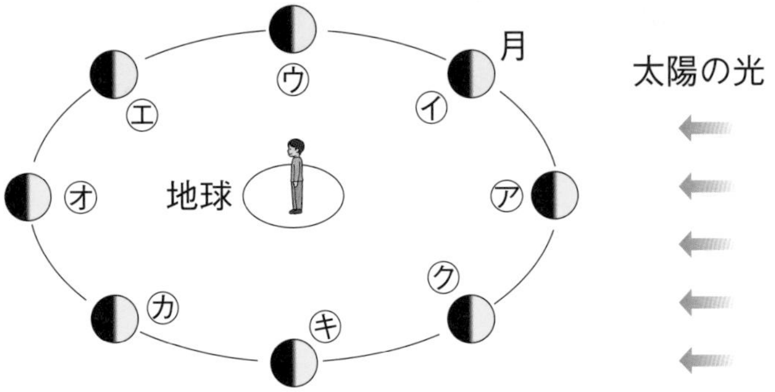
月
太陽の光
地球
㋐
㋑
㋒
㋓
㋔
㋕
㋖
㋗

(2) ㋑，㋓，㋖の位置に月があるとき，地球からはどのような形の月が見えますか。満月を例に，月の光っている部分を線でなぞりましょう。

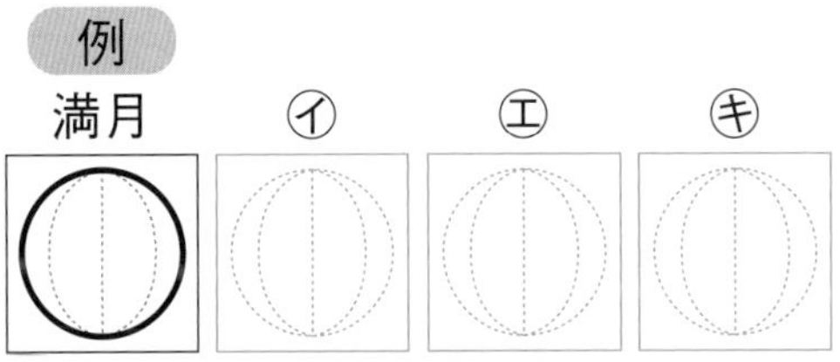
例
満月
㋑
㋓
㋖

(3) 日によって，月の形が変化して見えるのはなぜですか。

(　　　　　　　　　　　　　　　　　　　　　　　　)

[4] 図1は，あるがけに見られる地層（ちそう）を表したものです。次の問いに答えましょう。【5点×4】

図1

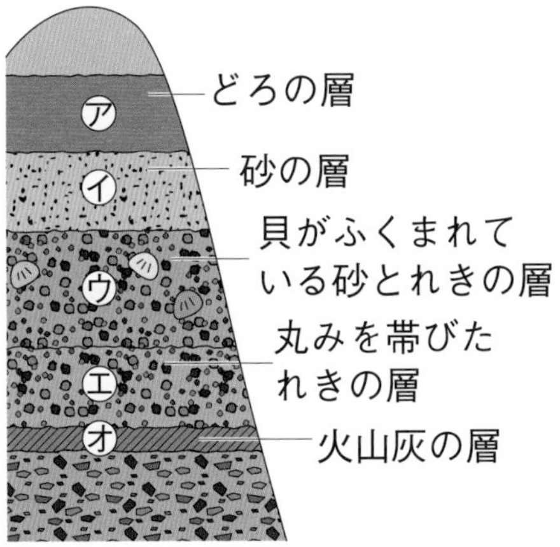
どろの層
砂の層
貝がふくまれている砂とれきの層
丸みを帯びたれきの層
火山灰の層
㋐
㋑
㋒
㋓
㋔

(1) 流れる水のはたらきでできた層を，㋐〜㋔からすべて選びましょう。

(　　　　)

(2) 図1の㋒で見られる貝のように，地層にふくまれる，大昔の生物の体や生活のあとなどを何といいますか。

(　　　　)

図2

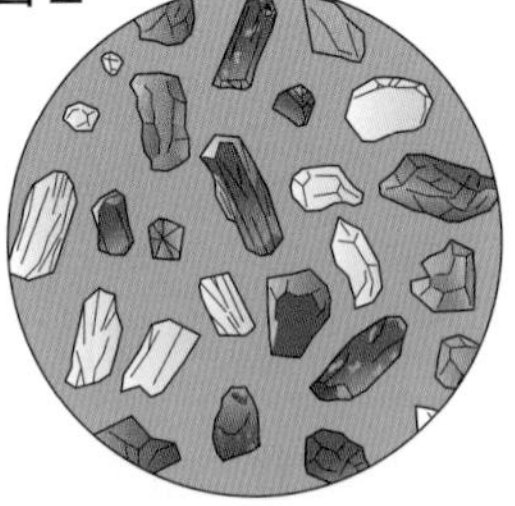

(3) 図2は，図1のある層から採取（さいしゅ）した土を，そう眼実（がん）体けんび鏡で観察したものを表しています。図1の㋐〜㋔のどの層の土ですか。また，そう考えたのはなぜですか。

記号(　　　　)

理由(　　　　　　　　　　　　　　　　　　　　　　　　)

ヒント
[3](2)地球から月を見たとき，太陽の光が左右どちらから当たっているかを考えましょう。
[4](3)つぶのようすが，ほかの層の土とどのようにちがっているか答えましょう。

答えとてびき　小学5・6年　いのちや地球

1 発芽の条件①　2ページ

[1] (1)発芽（はつが）　(2)水

[2] (1)㋑　(2)空気

[3] (1)(適当（てきとう）な)温度　(2)明るさ(光)

まちがえやすい

[2] ㋐と㋑はどちらも水があるが，㋑の種子は水にしずんでいるため，空気にふれることができない。

[3] ㋐と㋑では，温度の条件を変えている。温度以外の条件を同じにするために，㋐に箱をかぶせて冷蔵庫と同じように暗くして実験を行っている。

2 発芽の条件②　4ページ

[1] (1)㋑，㋓　(2)㋑(と)㋒　(3)水
(4)適当な温度　(5)必要ではない。

まちがえやすい

[1] (1)　種子が発芽するためには，水・空気・適当な温度のすべての条件がそろっていることが必要。㋐は水，㋒は空気，㋔は適当な温度の条件がそろっていないため，発芽しない。
(5)　明るさは種子の発芽に必要な条件ではない。㋓は㋑に比べて暗いが，水・空気・適当な温度はそろっているため，発芽する。

3 種子のつくり　6ページ

[1] (1)㋐　(2)子葉
(3)記号…㋑　養分…でんぷん

[2] (1)青むらさき色
(2)でんぷん
(3)右図

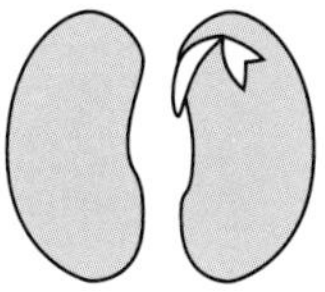

まちがえやすい

[1] (2)　インゲンマメの種子の㋑の部分を子葉という。

[2] (1)(2)　ジャガイモのいもにはでんぷんがふくまれている。ヨウ素液はでんぷんがあると，うすい茶色から青むらさき色に変化する。
(3)　インゲンマメの子葉にはでんぷんがふくまれている。ヨウ素液をたらすと，子葉の部分の色が青むらさき色に変化する。

4 種子の発芽と養分　8ページ

[1] (1)①㋐　②㋑　(2)子葉
(3)[あ]　(4)でんぷん　(5)でんぷん

まちがえやすい

[1] (1)(2)　インゲンマメの子葉は，発芽した後，しだいに小さくなり，しぼんでいく。
(3)(4)　ヨウ素液は，でんぷんがあると青むらさき色に変化する。
(5)　発芽する前の子葉にはでんぷんがあるが，発芽した後の子葉にはでんぷんがない。また，小さくしぼんだことから，子葉にあったでんぷんは発芽に使われたことがわかる。

5 植物の成長と日光　10ページ

[1] (1)ウ
(2)日光…変えている。
肥料（ひりょう）…変えていない。
水…変えていない。
(3)㋐　(4)㋑　(5)㋐　(6)日光

まちがえやすい

[1] (3)～(5)　日光を当てなかった㋑は，くきは細く，葉は小さく黄色っぽくなる。また，葉の数も日光を当てた㋐より少なく，全体的に㋐のように大きく育たない。

6 植物の成長と肥料 12ページ

[1] (1)日光…変えていない。
肥料（ひりょう）…変えている。
水…変えていない。
(2)㋐　(3)㋑　(4)㋐
(5)①空気　②肥料

まちがえやすい

[1] (1) 調べたい条件を1つだけ変え，ほかはすべて同じにする。
(5) 植物がよく育つためには，肥料と日光のほかに，水・空気・適当な温度も必要である。

7 メダカの飼い方 14ページ

[1] (1)イ　(2)水草
[2] (1)しりびれ…[い]　せびれ…[あ]
(2)おす　(3)めす　(4)㋑

まちがえやすい

[1] (1) 水そうは，日光が直接当たらない明るい場所に置く。食べ残しがあると水がよごれやすいので注意する。
(2) めすははらについたたまごを水草に産みつける。
[2] (2)〜(4) ㋐はせびれに切れこみがあり，しりびれが平行四辺形に近い形なのでおすである。㋑はせびれに切れこみがなく，しりびれの後ろが短いのでめすである。

8 メダカのたんじょう 16ページ

[1] (1)めす　(2)おす　(3)受精（じゅせい）　(4)受精卵（じゅせいらん）
[2] (1)イ　(2)①毛　②あわ

まちがえやすい

[1] (3) めすの産んだたまごとおすが出した精子が結びつくことを受精という。
(4) 受精が起こった後のたまごを受精卵という。
[2] (2) 受精直後のたまごの中にはあわのようなものが散らばって見える。

9 解ぼうけんび鏡の使い方 18ページ

[1] (1)㋐レンズ　㋑ステージ　㋒反射鏡（はんしゃきょう）
㋓調節ねじ　(2)イ　(3)イ→ウ→ア
(4)ペトリ皿　(5)イ

まちがえやすい

[1] (2) 目を痛（いた）めるので，解ぼうけんび鏡は日光が直接当たる場所では使わない。
(4)(5) メダカのたまごは，たまごがついている水草ごとペトリ皿に入れ，かんそうさせないように，水もいっしょに入れる。

10 そう眼実体けんび鏡の使い方 20ページ

[1] (1)㋐接眼（せつがん）レンズ　㋑視度（しど）調節リング
㋒調節ねじ　㋓対物レンズ　㋔ステージ
(2)イ→エ→ウ→ア
(3)①当たらない　②立体的

まちがえやすい

[1] (1) ㋐そう眼実体けんび鏡は，両目で接眼レンズをのぞいて観察をする。
(3) ①目を痛めるので，そう眼実体けんび鏡は日光が直接当たる場所では使わない。
②立体的に観察できることは，そう眼実体けんび鏡の大きな特ちょうである。

11 メダカのたまごの育ち方 22ページ

[1] (1)受精卵　(2)たまごの中
(3)㋐→㋒→㋓→㋑　(4)㋓　(5)㋑
(6)はらのふくろの中

まちがえやすい

[1] (2) メダカのたまごは，たまごの中にある養分を使って育ち，変化していく。
(6) たまごから出たばかりのメダカのはらにはふくろのようなものがあり，しばらくの間はこの中にある養分を使って育つ。中の養分が使われると，ふくろはしだいに小さくなっていく。

12 人のたんじょう 24ページ

[1] (1)㋐卵(らん)　㋑精子(せいし)　(2)㋐　(3)受精卵(じゅせいらん)

[2] (1)㋒→㋐→㋓→㋑　(2)㋒　(3)ア

まちがえやすい

[1] (1)(2)　㋐は女性の体内でつくられる卵，㋑は男性の体内でつくられる精子である。

(3)　受精が起こるとすぐに受精卵は育ち始める。

[2] (2)　受精してから約4週で心臓が動き始め，約8週で手や足の形がはっきりする。

(3)　人の子どもは受精後約38週で生まれる。

13 子宮の中の子どものようす 26ページ

[1] (1)子宮

(2)㋐たいばん　㋑へそのお　㋒羊水

(3)①㋒　②㋑　③㋐　(4)イ　(5)ア

まちがえやすい

[1] (3)　①羊水があることで，子どもは外からのしょうげきなどから守られる。

(4)(5)　へそのおを通って，母親から子どもに養分などが送られ，子どもから母親にいらなくなったものが運ばれる。

14 雲のようすと天気 28ページ

[1] (1)㋑　(2)㋐くもり　㋑晴れ

[2] (1)㋐積乱雲(せきらんうん)　㋑巻雲(けんうん)　㋒乱層雲(らんそううん)

(2)㋒　(3)ある

まちがえやすい

[1] 空全体を10としたときの雲の量は，㋐が9，㋑が2。㋐はくもり，㋑は晴れ。

[2] (1)　㋐の積乱雲は短時間にかみなりをともなう激しい雨を降らせることが多い。㋑の巻雲は晴れた日の高い空に見られる。

15 天気の変化のきまり 30ページ

[1] (1)イ　(2)㋑

(3)①西から東　②西から東

まちがえやすい

[1] (2)　雨量情報では，雨が降っている地域とそれぞれの地域の雨の強さがわかる。

(3)　日本付近では，雲はおよそ西から東へ動いていく。それにともなって天気もおよそ西から東へと変わっていく。

16 台風と天気 32ページ

[1] (1)イ　(2)①南　②雨や風

[2] (1)㋐台風の中心　㋑予報円(よほう)　(2)イ

まちがえやすい

[1] (1)　台風が日本に近づくのは，おもに夏から秋にかけてである。

[2] (2)　㋑は予報円といい，台風の中心が進むと予想される地域である。台風が動くことでまわりの地域の天気は急に変わることが多い。

17 台風とわたしたちのくらし 34ページ

[1] (1)㋐強い風　㋑大雨　(2)イ

(3)水不足　(4)ハザードマップ

まちがえやすい

[1] (1)　㋑は大雨によって起こる土砂くずれのようすである。

(2)　**ウ**は台風によるものであるが，災害ではない。

(3)　こう水と土砂くずれは，台風によって起こる災害である。

18 アサガオの花のつくり 36ページ

[1] (1)㋐花びら　㋑めしべ　㋒おしべ　㋓がく

(2)イ　(3)ア　(4)花粉(かふん)　(5)イ

まちがえやすい

[1] (2)(3)　めしべのもとはふくらんでいて，めしべの先は，さわるとべとべとしている。
(4)　おしべで花粉はつくられる。
(5)　アサガオの花には，めしべは1本，おしべは5本ある。めしべを中心に外側に向かっておしべ，花びら，がくの順についている。

19 ヘチマの花のつくり　38ページ

[1] (1)㋐めばな　㋑おばな
(2)[あ]めしべ　[い]花びら　[う]おしべ　[え]がく
(3)花粉（かふん）　(4)①1つ　②別々

まちがえやすい

[1] (1)　めばなのめしべのもとはふくらんでいる。
(2)　ヘチマのめしべは，がくより下の部分もふくまれる。
(3)　ヘチマのおしべにも，アサガオのおしべと同じように花粉がある。

20 けんび鏡の使い方　40ページ

[1] (1)㋐接眼レンズ　㋑対物レンズ　㋒反射鏡（はんしゃ）
㋓調節ねじ　(2)㋒

[2] (1)**イ**　(2)**エ→イ→ア→ウ**　(3)×

まちがえやすい

[2] (1)　けんび鏡は日光が直接当たらない明るい場所で使う。
(2)　けんび鏡で観察するときは，プレパラートをつくってステージの上に置く。プレパラートとは，観察するものをスライドガラスにのせたものである。

21 花粉の観察　42ページ

[1] (1)**ウ**　(2)㋐ヘチマ　㋑アサガオ

[2] (1)㋐　(2)花粉　(3)受粉（じゅふん）　(4)おしべ

まちがえやすい

[1] (2)　アサガオの花粉は丸い形，ヘチマの花粉は細長い形をしている。

[2] 花粉はおしべでつくられてめしべにつく。

22 アサガオの受粉　44ページ

[1] (1)**イ**　(2)㋐　(3)**イ**　(4)種子

まちがえやすい

[1] (1)　アサガオは花がさく直前に，おしべが急にのびて受粉が起こる。つぼみのうちにおしべをすべてとりのぞいてふくろをかぶせれば，自然に受粉するのを防ぐことができる。
(2)　実ができるためには受粉が必要なので，㋐には実ができて，㋑には実ができない。

23 ヘチマの受粉　46ページ

[1] (1)**ア**　(2)めしべ(の先)　(3)㋐
(4)もと　(5)①花粉　②受粉

まちがえやすい

[1] (1)　ヘチマのめばなにはめしべはあるが，おしべがないので，アサガオのようにおしべをとる必要はない。めばなのつぼみにふくろをかぶせれば，風やこん虫などによって花粉が運ばれて自然に受粉するのを防ぐことができる。

24 流れる水のはたらき　48ページ

[1] (1)㋐　(2)しん食　(3)大きくなる。
(4)運ぱん　(5)たい積　(6)㋑　(7)**ウ**

まちがえやすい

[1] (1)　水の流れは，かたむきの大きいところでは速く，小さいところではゆるやかになる。
(7)　水の量が増えると水の流れは速くなり，しん食と運ぱんのはたらきが大きくなるので，かたむきの小さい㋑で積もる土の量は多くなる。

(4)**イ** 　(5)①だ液 　②でんぷん 　(6)消化

 まちがえやすい

1 (3)(4) ㋐のでんぷんは消化されずに残っているので，ヨウ素液を加えると青むらさき色に変化する。㋑では，だ液のはたらきによって，でんぷんは別のものに変えられてなくなったので，ヨウ素液の色は変化しない。

㉙ 食べ物の消化と吸収 58ページ

1 (1)消化管 　(2)消化液
(3)記号…㋐ 　名前…口
(4)記号…㋒ 　名前…胃
(5)記号…㋕ 　名前…小腸
(6)(㋐→)㋔→㋒→㋕→㋒(→㋖)

 まちがえやすい

1 (1)(6) 食べ物は口に入った後，消化されながら，食道→胃→小腸→大腸を通り，消化されなかったものがこう門から便として出される。この通り道を消化管という。

㉚ 吸う空気とはく空気 60ページ

1 (1)水蒸気 　(2)㋑
(3)二酸化炭素 　(4)㋑ 　(5)(例)酸素の体積の割合が少ない(小さい)から。
2 ①酸素 　②二酸化炭素 　③呼吸

 まちがえやすい

1 (4) はく空気では，酸素の一部が体にとり入れられるので，吸う空気と比べると酸素の体積の割合は減る。酸素用検知管の値は㋐が約21％，㋑が約18％で，㋑のほうが少なくなっている。

㉛ 呼吸のしくみ 62ページ

1 (1)㋐…肺 　㋑…気管
(2)①酸素 　②血液 　③二酸化炭素
2 (1)㋐…肺 　㋑…えら 　㋒…肺

㉕ 流れる川のようす 50ページ

1 (1)㋑ 　(2)㋐ 　(3)しん食
(4)①浅く 　②たい積 　(5)㋒

 まちがえやすい

1 (1) 川が曲がっているところでは，内側は流れがゆるやかで，外側は流れが速い。
(4) 川底は，外側は土などがけずられるため深く，内側は土などが積もるため浅くなる。
(5) 川が曲がっているところでは，外側はしん食されてがけになり，内側は土などがたい積して川原が広がる。

㉖ 川の流れによる土地の変化 52ページ

1 (1)平地 　(2)㋐ 　(3)㋐
(4)㋒ 　(5)㋐平地 　㋑山の中

 まちがえやすい

1 (1) 川のはばは，山の中ではせまく，平地に出て海に近づくほど広くなっていく。
(3)(4) 山の中を流れる川で見られる石は，大きく角ばっている。平地を流れる川で見られる石は，流れる水に運ばれながら割れたりけずられたりして丸みを帯び，小さくなっていく。

㉗ 川とわたしたちのくらし 54ページ

1 (1)①増える 　②しん食
(2)㋐ダム 　㋑砂防ダム 　(3)㋑
2 (1)てい防 　(2)㋑

 まちがえやすい

1 (2) ㋐はダムで，雨水をためて水が一度に下流に流れるのを防いでいる。ダムにたまった水は生活用水などとして使われるだけでなく，発電にも使われる。

㉘ だ液のはたらき 56ページ

1 (1)青むらさき色 　(2)㋑ 　(3)㋐

(2)イヌ…○　コイ…×　ウサギ…○
(3)水中(水の中)

まちがえやすい

[1] (2)　肺で血液中にとり入れられるのが酸素で，血液中から出されるのが二酸化炭素である。

[2] (2)(3)　魚はえらで呼吸をする。水中にとけている酸素を，えらを通っている血管を流れる血液の中にとり入れ，二酸化炭素を水中に出している。

32 血液の流れとはたらき　64ページ

[1] (1)㋐…肺(はい)　㋑…心臓(しんぞう)
(2)(例)血液を全身に送り出すはたらき。
(3)[い]　(4)はく動　(5)脈(みゃく)はく

[2] (1)青い矢印…**ウ**　赤い矢印…**イ**
黄色い矢印…**ア**　(2)**ウ**

まちがえやすい

[1] (3)　肺(㋐)で酸素を受けとった血液は，心臓(㋑)にもどり，[い]の血管から全身に送り出される。

[2] (1)　酸素(赤)と二酸化炭素(青)の矢印の向きは，肺と体の各部では逆になる。

33 人の体のつくり　66ページ

[1] (1)臓器(ぞうき)
(2)①記号…㋕　名前…小腸(しょうちょう)
②記号…㋓　名前…心臓
③記号…㋑　名前…かん臓(ぞう)

[2] (1)㋐…じん臓　㋑…ぼうこう
(2)①不要なもの　②水分　③にょう

まちがえやすい

[2] (2)　人が生きるために活動した結果，体の中にできた不要なもののうち，二酸化炭素は肺に送られて，はく息といっしょに体の外にはき出される。そのほかのものは，じん臓に送られ，にょうとして体の外に出される。

34 植物にとり入れられる水　68ページ

[1] (1)**イ**　(2)**イ**
(3)①㋑　②横…㋕　縦(たて)…㋘　(4)**イ**

まちがえやすい

[1] (2)　根から吸い上げられた分，水の量が減るので，水面の位置は下がる。
(3)　②ホウセンカのくきの水の通り道は，輪のように並んでいる。

35 植物から出ていく水　70ページ

[1] (1)晴れの日　(2)㋐　(3)**ウ**

[2] (1)気孔　(2)葉の裏側(うらがわ)
(3)①水蒸気(すいじょうき)　②蒸散(じょうさん)

まちがえやすい

[1] (1)　くもりの日よりも，日光が当たる晴れの日のほうが，より多く蒸散が行われる。そのため，ふくろに水てきがつきやすくなり，㋐と㋑のちがいがわかりやすくなる。
(3)　蒸散はおもに葉で行われているが，㋑のふくろの内側にもわずかだが水てきがつくことからわかるように，くきでも蒸散は行われている。

36 植物と空気　72ページ

[1] (1)(例)ふくろの中の二酸化炭素の割合(わりあい)を増(ふ)やすため。　(2)**ア**，**エ**
(3)①二酸化炭素(にさんかたんそ)　②酸素(さんそ)　(4)**ウ**

まちがえやすい

[1] (4)　植物も動物と同様に，常に呼吸をしている。しかし，日光が当たる昼間は，二酸化炭素をとり入れて酸素を出すはたらきのほうが呼吸のはたらきよりも大きいため，全体として酸素を出しているように見える。

37 植物と日光 74ページ

1 (1)①**エ**　②**イ**

(2)[あ]の液…ヨウ素液(そえき)　色…青むらさき色

(3)㋑

(4)(例)葉に日光が当たると，でんぷんができること。

まちがえやすい

1 (1)　②実験する日の朝，㋐の葉にでんぷんがないことを確かめれば，前日から同じ条件にしていた㋑と㋒の葉にも，でんぷんはないことがわかる。

(4)　㋑の葉だけが青むらさき色になったことから，日光が当たった葉だけにでんぷんができたといえる。

38 水中の小さな生物 76ページ

1 (1)㋐接眼(せつがん)レンズ　㋑対物レンズ　㋒反射鏡(はんしゃ)

(2)**ウ→ア→エ→イ**

(3)㋐**エ**　㋑**ア**　㋒**ウ**　㋓**イ**　(4)㋓

まちがえやすい

1 (4)　けんび鏡の倍率が小さいほど，観察している生物の実際の大きさは大きい。

39 食べ物を通した生物どうしの関係 78ページ

1 (1)植物　(2)動物　(3)㋒→㋑→㋐→㋓

(4)㋔→㋗→㋕→㋖　(5)㋘→㋛→㋚→㋙

(6)食物連鎖(しょくもつれんさ)

まちがえやすい

1 (3)〜(6)「カエルはヘビに食べられ，ヘビはモズに食べられる」のように，生物どうしは1本のくさりのようにつながっているといえる。また，実際にはカエルはヘビに食べられるだけでなく，モズにも食べられることから，生物どうしの「食べる・食べられる」の関係はあみの目のようにからみ合っているということもできる。

40 空気や水を通した生物どうしの関係 80ページ

1 (1)㋐　(2)呼吸(こきゅう)

(3)(例)酸素をつくり出す植物がなくなると，呼吸できなくなってしまうから。

2 (1)太陽　(2)蒸散(じょうさん)

(3)(例)にょうとして出す。あせとして出す。はく息から水蒸気(すいじょうき)として出す。から2つ。

まちがえやすい

2 (3)　余分な水は，にょうやあせとして体の外に出されるほかに，はく息からも水蒸気として常に出されている。

41 月と太陽の表面のようす 82ページ

1 (1)**ア**，**ウ**　(2)㋐

(3)月…**イ**　太陽…**ウ**　(4)クレーター

(5)(例)石や岩がぶつかってできた。

(6)月…**ウ**　太陽…**ア**

まちがえやすい

1 (6)　月は自ら光を出していない。月が光って見えるのは，太陽の光を反射しているからである。

42 月の見え方 84ページ

1 (1)㋓　(2)図1…三日月　図2…半月

(3)方位…西　理由…(例)太陽は，月の光っている側にあるから。

(4)方向…㋔　月の形…Ⓓ

(5)図1…[く]　図2…[あ]

(6)[う]　記号…Ⓔ　月の形…満月

[お]　記号…Ⓕ　月の形…半月(下弦の月)

まちがえやすい

1 (6)　[お]は，地球から見ると，左側が光って見える半月(下弦の月)である。

43 地層の観察 86ページ

1 (1)地層　(2)色，大きさ(順不同)
(3)どろ→砂→れき　(4)化石
(5)ボーリング調査　(6)れきの層

まちがえやすい

1 (2)　地層がしま模様に見えるのは，層をつくるつぶの色や大きさがちがうからである。
(6)　地層は，横にもおくにも，連続して積み重なっている。

44 水のはたらきによる地層 88ページ

1 (1)2回　(2)㋐
(3)①運ぱん　②大きさ　③たい積

2 (1)㋐でい岩　㋑砂岩　㋒れき岩
(2)(例)角が丸くなっている。

まちがえやすい

1 (1)(2)　土を流すと，大きなつぶの砂が下に，小さなつぶのどろが上に積もる。図2は，同じような層が2組できているので，土を2回流したことがわかる。

45 火山と地層 90ページ

1 (1)**イ→ウ→エ→ア**
(2)そう眼実体けんび鏡
　または，解ぼうけんび鏡
(3)記号…㋑
①角ばった　②そろっていない

2 (1)㋐火山灰　㋑よう岩　(2)①㋑　②㋐

まちがえやすい

2 (2)　②同じ火山の噴火によってできた火山灰の層は，はなれた土地の地層のつながりを知る手がかりになることがある。

46 大地の変化と災害 92ページ

1 (1)断層　(2)津波　(3)**ア，ウ，オ**

2 ①よう岩　②火山灰　③湖　④温泉
⑤地熱発電

まちがえやすい

1 (3)　一度地震が起きた場所にできた断層が，再びずれて地震が起きることがある。

47 しあげのテスト① 93・94ページ

1 (1)㋐　(2)水　(3)空気

2 (1)㋐めしべ　㋑おしべ　(2)受粉
(3)おしべ

3 (1)㋐接眼レンズ　㋑反射鏡　(2)150倍

4 (1)㋐　(2)しん食　(3)㋑　(4)たい積
(5)運ぱん

まちがえやすい

3 (2)　けんび鏡の倍率＝接眼レンズの倍率×対物レンズの倍率。

4 かたむきが大きいところでは，水の流れが速く，しん食や運ぱんのはたらきが大きくなる。

48 しあげのテスト② 95・96ページ

1 ①記号…㋕　名前…小腸
②記号…㋐　名前…肺
③記号…㋑　名前…かん臓
④記号…㋓　名前…心臓

2 (1)食物連鎖　(2)㋐酸素　㋑二酸化炭素
(3)水

3 (1)㋔
(2)右図

㋑　㋓　㋖

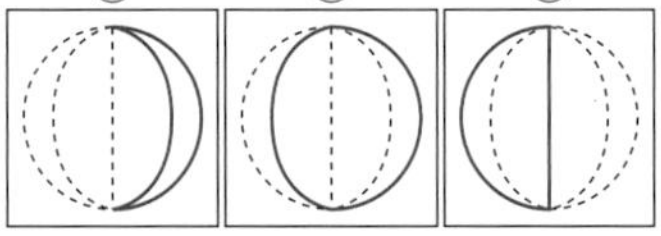

(3)(例)月と太陽の位置関係が変わるから。

4 (1)㋐，㋑，㋒，㋓　(2)化石
(3)記号…㋔　理由…(例)角ばったつぶが多いから。

まちがえやすい

3 (2)　㋖の位置にある月は，地球から見ると，左半分が光って見える半月である。

2 1 0 9 8 7 6 5 4 3
＊ ＊ D C B A